SCHAFE UND IHRE MENSCHEN IN SCHLESWIG-HOLSTEIN

Ulrike Krickau

SCHAFE UND IHRE MENSCHEN IN SCHLESWIG-HOLSTEIN

BOYENS

Für Matthias, weil er seit vielen Jahren neugierig auf die nächste Geschichte ist.

BOYENS
BUCHVERLAG

ISBN 978-3-8042-1521-4

Herstellung: Boyens Buchverlag
Lektorat: Claudia Johanna Bauer
Layout und Gestaltung: Dörte Kromrei
Druck: BELTZ Bad Langensalza GmbH, Bad Langensalza
Printed in Germany

www.boyens-buchverlag.de

INHALT

ZUERST DIE LÄMMER

DIE LAMMZEIT AUF DEM HOF DER FAMILIE BÄHRS IN NEUFELDERKOOG

„Einen guten Morgen!“, wünscht Torsten Bährs, denn er ist ein freundlicher, höflicher Mensch. Die viel wichtigere Information kommt gleich hinterher: „Die ersten Lämmer sind geboren!“ Selbst wer keine Ahnung hat, was die Lammzeit für einen Schäfer bedeutet, kann es an seinem Gesicht ablesen: Torsten Bährs strahlt. Denn mit dem ersten Lamm, das geboren wird, beginnt ein neues Jahr. Zu keinem anderen Zeitpunkt ist die Arbeit auf dem Hof intensiver, anstrengender und herausfordernder als in den gut drei Monaten der Lammzeit, die vom ersten Lamm etwa um den Jahreswechsel bis zum letzten Nachzügler Anfang April reicht.

Torsten Bährs ist einer der rund 80 Deichschäfer Schleswig-Holsteins. Zusammen mit seiner Familie bewirtschaftet er in dritter Generati-

Die kleinen Boxen im hinteren Teil des Schafstalls bieten den Schafen und ihren Lämmern in den ersten Tagen nach der Geburt einen geschützten Raum.

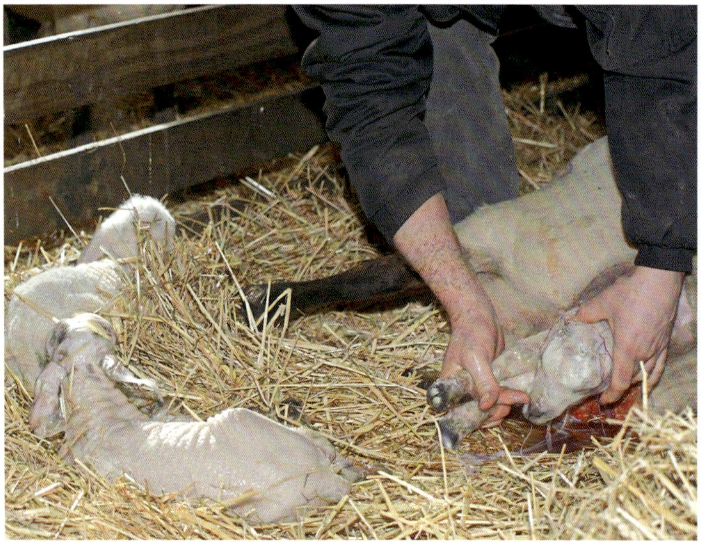

Gleich nach der Geburt leckt das Schaf sein Lamm ab. Das hilft, den Kreislauf des Lamms in Schwung zu bringen – und stärkt die Bindung zwischen den beiden.

on einen Hof in Neufelderkoog im Süden von Dithmarschen. Neufelderkoog mit seinen 134 Einwohnern, die sich auf knapp zehn Quadratkilometer verteilen, widerspricht in so ziemlich allem den traditionellen Vorstellungen eines Dorfes auf dem Land. Denn es gibt kein Dorfzentrum, nicht einmal beieinanderstehende Häuser, es gibt nur die einzelnen Höfe, die viele hundert Meter voneinander entfernt liegen. Fährt man vom Sommerdeich in Kaiser-Wilhelm-Koog durch die Stöpe, wie der verschließbare Durchlass eines Deiches genannt wird, nach Neufelderkoog hinein, findet man sich unversehens inmitten einer riesigen runden Kuchenform wieder. Neufelderkoog ist eine platte Scheibe, um die sich ein hoher Rand zieht. Das entspricht der üblichen Form eines Koogs, der ja immer auf allen Seiten eingedeicht wurde, wenn aus dem Meer neues Land gewonnen werden sollte. Aber nur an wenigen Orten wird das so deutlich sichtbar wie in Neufelderkoog, dort lebt es sich fast wie auf einer Insel, auch wenn die nächsten Orte Neufeld und Marne nur wenige Kilometer entfernt liegen.

Die große Weite von Neufelderkoog bietet auch den ungewöhnlichsten Ideen einen Raum, und um das zu erleben, muss man gar nicht weit fahren. Gleich hinter der Stöpe fällt der Blick auf ein Observatorium, das aus dem Dach eines Wohnhauses herausragt. Ein Tüftler hat sich das Observatorium gebaut, er wollte einfach nur ausprobieren, ob er das hinkriegt.

Was Neufelderkoog seinen Bauern zu bieten hat, ist ziemlich einmalig. Denn sie haben Platz, so richtig viel Platz für ihre Höfe. Im südlichen Dithmarschen haben viele der größeren Schäfereien ihre Höfe, weiter im Norden, in Nordfriesland dagegen, teilen sich viele kleinere Schäfereien die Deichflächen.

Der Hof von Dorthe und Torsten Bährs könnte kaum idyllischer liegen. Bis zum Seedeich sind es nur wenige Schritte. Ihr Schafstall ist riesig, und doch nimmt er nur einen kleinen Teil des Areals ein, zu dem noch ein Schweinestall sowie Maschinen- und Lagergebäude gehören. Auf der rechten Stallseite stehen die trächtigen Schafe in Gruppen von 50 und 60 Tieren, auf der linken Seite sind die kleinen Boxen für die frischgeborenen Lämmer und ihre Mütter. Ganz vorne ist der Bereich für die Schafe mit den Lämmern, die schon einige Tage alt sind.

All die Worte, die unsere deutsche Sprache aufzubieten hat, um diese munteren, fröhlich umeinander hüpfenden Tierbabys zu beschreiben, sind so zuckrig und klebrig, dass es einem glatt den Füller verstopft, und trotzdem sind sie hier unvermeidlich: Meine Güte, sind die niedlich! So süß! Sie haben alle Farben, die Lämmer, sie sind weiß und braun und schwarz und gescheckt, aber vor allem sieht ihre Wolle unglaublich fluffig und weich aus. Sie fegen in wilden Sprüngen über den mit Stroh bedeckten Boden. Andere haben sich durch die Stangen der Heuraufe gezwängt und thronen auf dem Heu wie kleine Könige. Wieder andere trinken an den Eutern ihrer Mütter. Schlafen zusammengerollt in einem Knäuel.

Der Anblick der Schafe und ihrer Lämmer hebt das Herz, dem kann man sich einfach nicht entziehen. Das geht auch Torsten Bährs nicht anders. Er ist auf dem Hof und mit Schafen aufgewachsen, aber noch immer, auch nach all den Jahren, muss er lächeln, sobald er den Stall betritt. Meistens jedenfalls.

Denn die Lammzeit bedeutet nicht nur die reine Seligkeit, sondern vor allem viel Arbeit, schwere Arbeit, und zwar am Tag und in der Nacht, wochenlang.

In einer der hinteren Boxen kniet Heiko neben einem liegenden Schaf, seine rechte Hand steckt bis zum halben Unterarm im Geburtskanal, die andere streicht beruhigend über den Bauch des Schafes, die Geburt der Lämmer steht unmittelbar bevor. Heiko Kröger, ein gelernter Landwirt und Schäfer, ist einer der Mitarbeiter auf dem Hof – eigentlich ist er nur ein halber Mitarbeiter, weil Torsten Bährs sich seine Arbeitskraft mit einem befreundeten Pferdezüchter teilt. In beiden Betrieben verteilen sich die Höhepunkte der anfallenden Arbeiten auf verschiedene Zeiten. Während es zu Beginn des Jahres auf dem Pferdehof ziemlich ruhig zugeht, wird Heikos Hilfe auf dem Hof Bährs dringend gebraucht. Denn die Schafe halten sich beim Lammen natürlich nicht an arbeitnehmerverträgliche Zeiten, sondern lammen rund um die Uhr.

Von Ende Dezember bis Anfang Februar und dann wieder von Anfang März bis in den April muss immer jemand im Stall sein. Meist wechseln sich Heiko und Torsten ab, einzelne Schichten übernimmt Torstens Vater, Reimer Bährs, und auch die beiden ältesten Söhne Hannes und Momme können inzwischen den Lämmern auf die Welt helfen.

Die Schafe werden unruhig, wenn es ans Gebären geht. Sie laufen umher, drehen sich im Kreis. „Das kriegst du einfach mit, wenn es so weit ist“, sagt Torsten Bährs. „Das kannst du gar nicht übersehen.“ Meist kommt zuerst die Fruchtblase zum Vorschein, wie ein langer, mit Blut und Sekreten gefüllter Schlauch hängt sie aus dem Geburtskanal heraus. In dem Teil der

Heiko Kröger hilft im Laufe eines Frühjahrs einigen hundert Lämmern auf die Welt.

Gleich nach der Geburt bleiben die Lämmer eng beieinander, ähnlich wie noch wenige Momente zuvor im Mutterleib.

Fruchtblase, der sich noch im Leibinneren befindet, liegt das Lamm und wartet auf seine Geburt. Viele Schafe bekommen Mehrlinge. Zwillinge sind fast schon die Regel, aber auch Drillinge sind durchaus üblich und gelegentlich werden sogar Vierlinge geboren.

Mit der Hand im Geburtskanal überprüft Heiko die Lage des Lamms. Liegt es so, wie es sein soll, mit den Vorderfüßen voraus? Tastend versucht er, die Lage des Lammes im Schafsleib zu erkunden. Gibt es mehrere Lämmer? Wie liegen sie? Eine Geburt funktioniert nicht wie ein Zug, bei dem ein Waggon nach dem anderen aus dem Tunnel fährt, sondern die Natur hält allerhand Verwirrendes und Unvorhergesehenes bereit. Erst wenn Heiko ganz sicher ist, die beiden Vorderläufe des Lamms, das zuvorderst im Geburtskanal liegt, in der Hand zu halten, beginnt seine eigentliche Tätigkeit als Geburtshelfer. Er wartet die nächste Wehe ab und dann zieht er, zieht mit aller Kraft. Sobald der Kopf des Lammes zum Vorschein kommt, ist das Schwierigste geschafft, der Rest des Körpers gleitet in einer einzigen, langen Bewegung nach draußen und wird von Heiko vorsichtig auf das Stroh gelegt. Nicht jedes Schaf braucht bei der Geburt seiner Lämmer Hilfe – aber es schadet auch nichts, wenn der Schäfer oder einer seiner Mitarbeiter ein Auge darauf hat, wie die Geburt vorankommt und wie das Lamm vom Schaf angenommen wird.

Warm ist es im Innern des Schafskörpers. Obwohl es durch die vielen Tiere im Stall nicht kalt ist, steigt Dampf vom neugeborenen Lamm auf. Mit raschen, vielfach geübten Handgriffen putzt Heiko dem Lamm Nasenlöcher und Maul aus. Sein erster Atemzug ist noch zitternd und zart wie die Bewegung eines Schmetterlingsflügels, der zweite gerät schon kräftiger. Alles ist gut. Dieses Lamm ist gesund zur Welt gekommen und wird leben.

Seine Mutter dreht sich um und beginnt das feuchte Lamm abzulecken, sie leckt den Schleim und die Reste der Eihaut ab, doch es dauert nur wenige Momente. Dann wirft sie den Kopf in den Nacken, atmet schwer. Die Geburt des nächsten Lamms hat begonnen.

Durch das Belecken wird das Neugeborene getrocknet und sein Kreislauf wird stimuliert, vor allem aber wird damit die Bindung zwischen Lamm und Mutterschaf begründet. Dieses für Schafe außerordentlich wichtige Verhalten darf nicht durch zu viel Unruhe im Stall gefährdet werden. Aber es gibt Torsten Bährs auch die Möglichkeit, die neugeborenen Lämmer so auf die Mutterschafe zu verteilen, dass alle satt werden, und das ist gar nicht so einfach.

Schafe haben zwei Zitzen, an denen sie die Lämmer säugen. Ein Schaf kann zwar auch Drillinge ernähren, aber da wird es manchmal schon knapp für eines der Lämmer. Anstrengend für die Mütter wird es allemal. Anders als in der Herdbuchzucht spielt bei einem Gebrauchsschäfer die Abstammung seiner Tiere keine Rolle. Deshalb verteilt Torsten Bährs die Lämmer und gibt einem Schaf, das nur ein Lamm zur Welt gebracht hat, einen Drilling an die Seite. Das funktioniert auf zweierlei Weise.

Flaschenlämmer werden von Hand gefüttert und sind deshalb zutraulich und sehr menschenbezogen. Die vielfarbige Behaarung des Kopfes wird im Laufe des Heranwachsens bei den meisten Tieren einfarbig werden.

Zum einen kann er neben das neugeborene Einzellamm einen fremden Drilling legen, die Mutter leckt beide ab und markiert sie damit als ihren Nachwuchs. Voilà, und schon lässt sie beide an ihren Zitzen saugen. Oder aber, Torsten Bährs nimmt einen frischgeborenen Drilling und legt ihn in die Box eines Schafs mit einem Einzellamm. Dabei muss er vorsichtig vorgehen, denn begeistert ist ein Schaf nicht davon, ein fremdes Lamm mit durchzufüttern. Der Geruch des Neugeborenen löst beim Schaf zwar den Reflex aus, das Lamm abzulecken und damit als eigenen Nachwuchs anzuerkennen, aber ein Selbstläufer ist das nicht.

Torsten Bährs trägt ein frischgeborenes schwarzes Lämmchen zu einer Box, legt es ins Stroh. Das Schaf dreht sich um und schaut. Torsten Bährs bleibt wachsam. „Sie ist schon fünf Jahre alt und weiß, wie das mit dem Lammen funktioniert", sagt er. „Ob ich die so einfach austricksen kann, weiß ich nicht."

Eine ganze Weile passiert nichts. Dann neigt das Schaf den Kopf und beginnt das Neugeborene abzulecken. Die erste Hürde ist genommen, im Auge behalten sollte man die neu zusammengestellte Schafsfamilie trotzdem. Torsten Bährs bindet ein rotes Seil an den obersten Balken der Box, damit jeder, der im Stall arbeitet, Bescheid weiß.

Nicht nur die Drillinge und Vierlinge werden neuen Müttern zugesellt, es kann auch andere Gründe geben, die den Schäfer nach einem anderen Schaf suchen lassen. Nachgeburtliche Probleme, eine Euterentzündung, nicht immer geht alles reibungslos vonstatten. Je älter das Lamm ist, für das eine Amme gebraucht wird, desto schwieriger wird es. Während einige Schafe ein neues Lamm klaglos akzeptieren, gibt es durchaus auch die etwas temperamentvolleren, die ein fremdes Lamm, das sich ihrem Euter nähert, ernsthaft verletzen könnten. Dann ist es manchmal sogar notwendig, das Schaf für kurze Zeit in der Box zu fixieren, zumindest bis das neue Lamm zum ersten Mal getrunken hat.

Aber was ist, wenn alle Anstrengungen nicht fruchten und der Wechsel nicht funktioniert? Dann ist wieder der Mensch an der Reihe. Was für einen Schäfer eine ordentliche Herausforderung ist, wird für alle anderen zum Quell des Entzückens: das Flaschenlamm. Diese Lämmer werden, bis sie selbst fressen können, mit der Hand beziehungsweise mit der Flasche gefüttert, gelegentlich kommt auch ein Lämmereimer mit zitzenähnlichen Saugern zum Einsatz. Die Lämmer auf diese Weise zu füttern, macht große Mühe, denn sie brauchen wie menschliche Babys mehrmals am Tag ihre Milch. Traditionell wird das Füttern der Flaschenlämmer von den Kindern eines Hofes übernommen. Aber ganz gleichgültig, ob ein Erwachsener oder ein Kind das Lamm füttert: Es verliert seine Scheu vor den Menschen, wird extrem zutraulich, fast wie ein Haustier. Doch das ist ein Idyll mit begrenzter Haltbarkeit, das spätestens mit der Geschlechtsreife endet. Dann hören die Böcke auf, sich spielerisch zu erproben und wollen sich ernsthaft raufen. Mit ihren Artgenossen. Oder eben mit den Menschen, wenn es keine Artgenossen gibt. Die weiblichen Schafe sind sanfter, aber auch sie sind Herdentiere und wer sie einzeln hält, verdammt sie zu einem Leben, das nicht ihrer Natur entspricht. Einzeln gehaltenen Schafen geht es schlicht nicht gut.

Wer Flaschenlämmer nur während der Aufzucht übernehmen möchte, steht vor einer schwierigen Aufgaben. Torsten Bährs kennt die Geschichte eines Mannes, der drei Flaschenlämmer in seinem Garten versorgte. Früh am Morgen, eine halbe Stunde vor dem ersten Füttern, begannen die Lämmer zu blöken. Das fanden die Nachbarn nicht so toll. Also begann der gute Mann die Fütterung eine halbe Stunde früher. Was aber die Flaschenlämmer nicht davon abhielt, nun ihrerseits eine halbe Stunde früher zu blöken. Was nun die Nachbarn ihrerseits noch stärker aufbrachte, weil der Radau jetzt noch früher losging. Das Verhältnis mit den Nachbarn besserte sich auch in der Folgezeit nicht. Als die Lämmer selbständig zu fressen begannen, machten sie als Erstes die Blumen eines der Nachbarn nieder. Bis er die Lämmer endlich wieder auf dem Hof der Bährs abgeben konnte, war ihr einstmals so gutwilliger Ernährer völlig erschöpft. Und in einem Punkt war er sich total sicher: Nie wieder Flaschenlämmer!

Im Stall ist die Geburt vorüber, beide Lämmer haben es mit Heikos Unterstützung heil auf die Welt geschafft. Das Schaf steht über seinen Nachwuchs gebeugt, leckt die Kleinen ab. Sie atmen gut, strecken ihre Zungen raus und versuchen sich an einem ersten Blöken. Der Moment ist so friedlich, als würde die Welt stillstehen.

Trotzdem muss Heiko auch die anderen trächtigen Schafe im Blick behalten und darauf achten, ob eines von ihnen lammt. Denn Schafe haben die ulkige Eigenart, sich gegenseitig die Lämmer zu klauen. Fast so, als könnten sie sich den Geburtsvorgang ersparen, wenn sie ein anderes Lamm vorweisen. Aber das ist nur einer der Gründe, warum entweder die kurz vor dem Lammen stehenden Schafe oder zumindest die neugeborenen Lämmer mit ihren Müttern in

Nach ein paar Tagen wechseln Schafe und Lämmer in größere Gemeinschaftsboxen. Die meisten Schafe der Schäferei Bährs sind eine Kreuzung aus weißköpfigen Texel- und schwarzköpfigen Suffolk-Schafen.

kleine, abgetrennte Boxen umquartiert werden. Viel wichtiger ist, dass sich die Bindung zwischen einem Schaf und seinem Lamm in diesem kleinen, geschützten Raum stabiler und intensiver entwickeln kann. Außerdem müssen Torsten Bährs und seine Leute die Lämmer in den ersten Tagen gut im Blick behalten. „Das ist doch unsere Aufgabe: Wir müssen die Lämmer gut zum Saufen bringen, den Rest kriegen sie schon selbst hin", erklärt er.

Der Strich, wie die Zitzen von Nutztieren genannt werden, ist nach der Geburt eines Lamms noch mit einer Art Pfropfen verschlossen. Erst wenn das Lamm den Strichkanal freigesaugt hat, fließt die Biestmilch genannte Vormilch, die beim frischgeborenen Lamm dafür sorgt, dass das Pech abgeht – das ist der Name des ersten Stuhlgangs. Etwa die Hälfte der Lämmer brauchen beim ersten Trinken Unterstützung. Torsten Bährs hält sie fest, damit sie die Zitze erreichen, manchmal melkt er ihnen ein paar Tropfen Milch ins Mäulchen, damit sie auf den Geschmack kommen. Oder er melkt ein paar Schlucke Milch in einen Becher, aus dem er das Lamm trinken lässt.

Wenn das alles geglückt ist, wenn die Lämmer nach ein bis zwei Tagen regelmäßig trinken und sich gut entwickeln, kommen sie von den kleinen Boxen hinüber zur Kleinkindstube. Doch bevor sie umziehen dürfen, müssen sie gekennzeichnet werden, damit Torsten Bährs weiß, welche Lämmer zu welchem Schaf gehören.

Markiert werden Schafe und Lämmer mit einem handtellergroßen Stempel, mit dem ihnen die gleichen Nummern in kräftigen Farben aufs Fell gedrückt werden. Wenn sie dann später auf den Deich getrieben werden und sich auf den ausgedehnten Flächen aus den Augen verlieren, kann Torsten Bährs sie mit Hilfe ihrer Nummern wieder zusammenführen. Außerdem lässt sich auf diese Weise rasch erkennen, welche Lämmer Hilfe brauchen, wenn ein Schaf in der Gruppenbox oder auf dem Deich gesundheitliche Probleme bekommt.

Mit Ohrmarken müssen nur die Lämmer, die zur Herdbuchzucht vorgesehen sind, innerhalb von fünf Tagen nach der Geburt gekennzeichnet werden. Bei allen anderen Schafen kann sich Torsten Bährs Zeit lassen. Mit den gelben Ohrmarken, wie sie innerhalb der EU für alle Nutztiere Pflicht sind, muss er sie erst versehen, wenn sie neun Monate alt sind oder wenn sie seinen Hof verlassen. Und das wird noch mindestens einen ganzen, langen Sommer dauern.

VIER GENERATIONEN REIMER BÄHRS ERZÄHLT

„Wat meenst du wol, wat so 'n Schop trotz de lütten Fööt förn Gewicht hebbt – denn, wenn di mol so'n Schoop op de Fööt pett, deit dat asig weh", sagte Reimer Bährs senior (4.1.1915–26.6.1995) auf die Frage, welchen Beitrag Schafe zur Deichpflege leisten.

Während Torsten Bährs Großvater in den 1920er Jahren in Marnerdeich heranwuchs, entwickelten schlaue Köpfe ganz in der Nähe eine Möglichkeit, wie es sie zuvor noch nicht gegeben hatte: Eine Deichbaugenossenschaft wollte im Wattenmeer neues Bauernland schaffen. Ihr Ziel war es, mit dem Geld ihrer Anteilseigner im südlichen Dithmarschen ein etwa zehn Quadratkilometer großes Areal einzudeichen und das neugewonnene Land dann zu besiedeln. Ein

Bei dem Deichbau 1935 in Dieksanderkoog wurde ein Transportband von 200 Metern Länge zur Aufschüttung des Deiches eingesetzt. Der Boden wurde in Handarbeit mit Spaten und Schaufel auf die Transportbänder geworfen und zum Deich transportiert. Das Transportband bestand aus Eisenplatten, die – links zu sehen – eine gewaltige Umkehrrolle brauchten.

In dem Haus lebte die Familie Bährs mit fünf Kindern und einem Angestellten bis zu dem Brand im Jahre 1981.

Name für den neuen Ort war rasch gefunden: Neufelderkoog. Was für eine Chance für die ortsansässigen Landwirte, ihren Söhnen zu einem eigenen Hof zu verhelfen! Natürlich wurde sie gerne genutzt. Aber die Kosten explodierten, die Genossenschaft ging pleite. Doch da existierte Neufelderkoog bereits, die ersten Höfe wurden schon 1926 besiedelt.

Pläne für einen weiteren Koog in der Nachbarschaft existierten bereits 1928. Die Weltwirtschaftskrise und die instabilen politischen Verhältnisse in Deutschland sorgten dafür, dass dieses Projekt zunächst auf die lange Bank geschoben wurde. Im April 1933 gaben die Nationalsozialisten die Maxime aus, nach der nur noch neu geschaffene Straßen und Ortschaften nach prominenten Nationalsozialisten benannt werden sollten. Dazu erschien der NSDAP-Ortsgruppe Friedrichskoog der neue Koog an ihrer Küste wie geschaffen. Finanziert wurde der Adolf-Hitler-Koog vom Reichsnährstand, bis zu 1.000 Menschen arbeiteten an der Errichtung der Deiche. Der Adolf-Hitler-Koog wurde zu einer nationalsozialistischen Mustersiedlung, das Propagandaministerium finanzierte sogar den Ausbau der Straßen und mit 20 bis 30 Bussen täglich wurden Besucher herbeigekarrt. Heute erinnert die 1936 eröffnete Neulandhalle als Lernort mit einer bemerkenswerten Ausstellung auf dem Gelände und wechselnden Veranstaltungen an diesen Teil der Ortsgeschichte.

Im Neufelderkoog ging es etwas ruhiger zu. Aber auch hier wurde gebaut und gesiedelt. Als 1938 die ersten Höfe der neugebauten Schäfersiedlung bezogen werden konnten, durften nur Ehepaare die je vier Hektar Land umfassenden Höfe erwerben. Und so heirateten Reimer und Mathilde Bährs geborene Dyrssen am 28. Januar 1938. Mathilde Bährs stammte aus Büsum und hatte als Hausmagd in Süderwisch, heute ein Teil von Volsemenhusen, gearbeitet. Die Feier nach der Trauung fiel recht kurz aus, dann wurden die Pferde vor den Umzugswagen gespannt und das Hab und Gut ins neue Heim transportiert.

Pferde sollten noch für einige Jahre unverzichtbar bleiben, noch gab es keine befestigten Straßen und außer dem einzigen Schotterweg quer durch den Koog gab es nur Feldwege, die je nach Jahreszeit und Niederschlagsmenge nahezu unpassierbar waren.

Ende November 1938 wurde Karin, die erste Tochter von Reimer und Mathilde Bährs, geboren und fünf Jahre später folgte Reimer Bährs jun., der Vater von Torsten. Arthur und Werner kamen 1946 und 1948 zur Welt und ein fünftes Kind, Jacob, wurde im März 1953 mit einer Lähmung der linken Körperhälfte geboren, was ihn aber weder intellektuell noch in seinem Streben nach einem erfüllten Leben beeinträchtigte.

Auf ihrem Hof hielt Reimer Bährs sen. zunächst nur Weißköpfe, seit den 50er Jahren auch die zunehmend beliebter gewordenen Texel-Schafe. Nachdem er die Verantwortung für seinen Hof abgegeben hatte, fand er große Freude an der Züchtung des Deutschen Schwarzköpfigen Fleischschafes. Die Schwarz-

Postkarte von 1975, in der Mitte ist ein Stück des Deichs zu sehen, der von der Schäferei Bährs genutzt wird.

Der Schafschuppen wurde bei der Besiedlung 1936 umgesetzt. Man hat damals zwei Wagen mit Gummirädern in den Schuppen gefahren und das Holzgebäude angehoben, zwei Pferde davor gespannt und zum Hof von Reimer Bährs sen. gefahren. Der Schuppen stand noch bis weit in die 2000er Jahre auf seinem neuen Platz am Deich.

Bei der Gastwirtschaft Paulsen in Neufelderkoog. Annelene und Lisa Paulsen mit ihrem Flaschenlamm (diese Annelene ist nicht die spätere Frau von Reimer Bährs jun.).

Jan Hermann Hennings mit einer Schlöpe, einem Transportgerät, das auch bei den von Regen aufgeweichten Böden eingesetzt werden konnte.

Kohlpflanzen bei Reimer Bährs sen.

Die Schule wurde 1936 und 1937 gebaut, der Unterricht begann zu Pfingsten 1937. In den ersten Jahren wurden rund 30 Kinder unterrichtet. 1950 wurden in der Schule zwei Klassen mit insgesamt 110 Kindern unterrichtet, bis Ende der 50er Jahre waren es nur noch 20 bis 30 Kinder in einer Klasse. Ostern 1965 wurde die Schule in Neufelderkoog geschlossen.

Schulbild von 1955, aufgenommen im Klassenraum. In der zweiten Reihe von unten ganz links: Reimer Bährs jun.

Reimer Bährs sen. macht beim Scheren eine Pause und gönnt sich ein Bier und seine Pfeife.

Reimer Bährs sen. auf der Landestierschau in Rendsburg 1984.

Zeitungsartikel in der Marner Zeitung zur Schneekatastrophe in Norddeutschland 1979.

Schäfer kämpfen gegen Schnee und Tierinstinkt – 250 Schafe kamen um

(tr) **Neufelderkoog**

Der Schnee bedroht Mensch und Tier, und wer sich in diesem Kampf gegen die Gewalten nicht zu helfen weiß, kommt um. So auch 250 Schaf e – nach den bisher vorliegenden Meldungen – kann Rainer Bährs senior aus Neufelderkoog berichten. Er ist Vorsitzender des Herdbuchbezirks Dithmarschen und hat einen Überblick über die Probleme, die der Schnee im Kreisgebiet den Schäfern und ihren Tieren bereitet.

Die meisten der Schafe sind verhungert, weil die Hirten sie nicht mehr versorgen konnten, betont Bährs. Die Gefahr, daß die Tiere in Schneewehen ersticken, sei „nicht so groß". Als Beispiel führt er an, daß Bundeswehrsoldaten in Kappeln kürzlich rund 1000 Schafe aus dem Schnee gegraben hätten – 900 konnten noch gerettet werden, obwohl sie bereits sechs Tage im „weißen Grab" gelegen hatten.

„Wenn die Tiere nicht in die Fleete getrieben werden und dort unter Wasser stehen, besteht auch keine Gefahr der Unterkühlung", umreißt der alte Fuchs Bährs die Situation.

Das natürliche Verhalten der Schafe bei Schneeverwehungen läßt den „vernünftigen Menschen" mit dem Kopf schütteln: Die Tiere ziehen mit der Windrichtung, bis sie beispielsweise ein tiefliegendes Fleet erreichen, der Instinkt sagt ihnen, dort geschützt zu sein – und den Rest besorgt der Schnee, der die Tiere zuschüttet.

Für die Schäfer kommt es also darauf an, die Tiere immer wieder in Bewegung zu halten und sie von Fleeten und Anhöhen wegzutreiben. Rainer Bährs: „Die Versorgung mit Heu stehe erst an zweiter Stelle, die Suche nach einem sicheren Unterschlupf in der Nähe der Gehöfte ist oberstes Gebot". Besonders hilfreich hätten sich manche Landwirte verhalten, die den Schäfern Heu zur Verfügung gestellt hatten – ohne diese Notversorgung durch Bauern und landwirtschaftliches Gerät wäre bei den weiten Flächen so mancher Schäfer um seine Herde gekommen.

Die größten Verluste im Dithmarschen Kreisgebiet werden bisher, so Bährs senior, im August-Viktoria Koog registriert: Auf dem weiten Bundeswehrgelände konnte man die Versorgung nicht aufrechterhalten – 150 Schafe gingen ein.

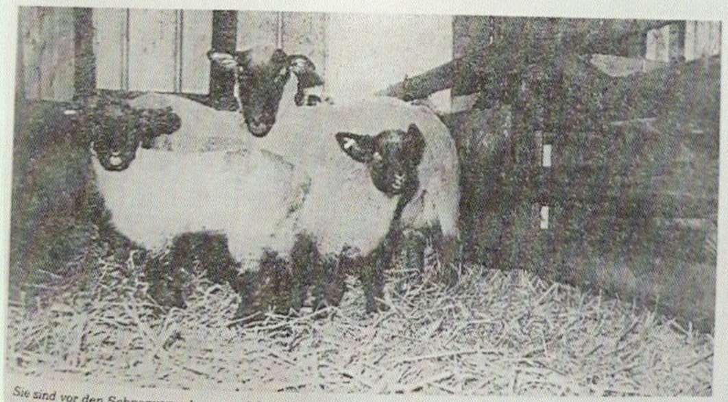

Sie sind vor den Schneeverwehungen sicher – Schafe im Stall von Reimer Bährs im Neufelderkoog. (tr)

21. Februar 1979

köpfe sind eine sehr robuste Rasse. In vielen Regionen Deutschlands erfreuen sie sich großer Beliebtheit, weil sie auch mit mageren Böden gut zurechtkommen. Aber die Böden im Neufelderkoog sind nicht mager, ganz im Gegenteil. Auf den schweren, dunklen, nährstoffreichen Böden entwickelt sich fast jedes Samenkorn zu einer starken Pflanze. Die Wiesen sind saftig und die Gräser voller Nährstoffe und Eiweiß. Mit diesem guten Futter haben die Schwarzköpfe ein Problem, denn sie neigen zum Verfetten. Nichtsdestotrotz waren die Schwarzköpfe von Reimer Bährs sen. immer eine Handbreit größer als ihre Artgenossen von der Geest und er konnte einige Erfolge als Züchter erzielen. Doch den Kunden der 70er und 80er Jahre schmeckte das fette Lammfleisch nicht mehr. Auf Deichen und Weiden stehen heute andere Rassen. Texel, Suffolk und immer wieder auch das Weißköpfige Fleischschaf sind die Rassen, die sowohl den Bedingungen auf den schleswig-holsteinischen Flächen, als auch dem Geschmack der Kunden entsprechen.

Diese Entwicklung ließ allerdings noch einige Jahre auf sich warten. Die Arbeit war schwer und die Familien waren auf die Unterstützung ihrer Kinder angewiesen. Es gab, als Reimer Bährs jun. heranwuchs, noch keine Wasserleitungen in Neufelderkoog. Das Regenwasser wurde in riesigen Zisternen gesammelt. Es gehörte zu den Aufgaben der Kinder und Jugendlichen, das Wasser aus den Zisternen mit dem Pferdewagen auf die Deiche zu bringen. Die Schafe wurden aus Trögen auf den Deichen getränkt – und rund 400 Schafe und ihre Lämmer brauchen eine ganze Menge Wasser. Ihre Arbeit erledigten die Bährs-Kinder neben der Schule, wie seine Geschwister besuchte auch Reimer Bährs jun. die Dorfschule in Neufelderkoog. Es gab nur einen einzigen Lehrer für alle Klassen. Als die Dorfschule 1966 aufgelöst wurde, kauften die Bährs die Schule und bauten sie zum Wohnhaus um.

Reimer Bährs sen. auf dem Bockmarkt in Husum.

1963 ging Reimer Bährs jun. zur Bundeswehr, da kannten er und Annelene Holm sich schon. Eigentlich hatten Annelenes Eltern großartige Pläne für ihre Tochter und zunächst sah es auch aus, als würde sich Annelene in die erhoffte Richtung entwickeln. Nach der Schule machte sie eine Ausbildung zur Verkäuferin bei einem Juwelier und war bei der Arbeit umgeben von schönem Schmuck und wertvollen Uhren.

1966, als Reimer Bahrs jun. seinen Wehrdienst abgeschlossen hatte, heirateten Annelene und er. Sie bezogen den Hof. Reimer Bährs sen. und seine Frau Mathilde lebten fortan in der umgebauten Dorfschule. Ganz einverstanden war Annelenes Vater mit der Entscheidung seiner Tochter, einen Schäfer zu heiraten, nicht und dass er zur Hochzeit nicht die traditionelle Rede des Brautvaters hielt, wurmt Annelene bis heute. Es wohnen immer noch zwei Seelen in ihrer Brust. Auf der einen Seite ist da ihre Vorliebe fürs Fragile, Zarte, Ästhetische – auf der

Mathilde und Reimer Bährs sen.

anderen das Leben einer Bauersfrau. Seit 53 Jahren sind Reimer und Annelene Bährs inzwischen verheiratet und womöglich ist es ihnen gar nicht bewusst, wie gut sie einander ergänzen. Sie reisen, gehen zu Veranstaltungen, sind hingebungsvolle Großeltern. Aber das alles wurde ihnen nicht geschenkt, sondern sie mussten es sich erarbeiten.

Für Annelene war es ein Sprung ins kalte Wasser, als sie schon bald nach der Eheschließung einen Teil des Hofes und damit die Verantwortung für rund 250 Schafe übernahmen. Aber sie drückte sich nicht vor den Aufgaben. Auch vor schweren, anstrengenden Arbeiten schreckte sie nicht zurück. Sie setzte einfach nur ihre eigenen Prioritäten: „Erst mal musste meine Küche schier sein", sagt sie. „Danach hatte ich Zeit für den ganzen Rest." Schier ist ein plattdeutscher Ausdruck und bedeutet alles auf einmal: Schön, sauber und rein.

Während der Lammzeit übernahm Annelene Bährs oft die erste Nachtschicht. In den 70er und 80er Jahren wurden die meisten Lämmer von März bis April geboren – nicht im Stall, sondern auf dem Deich. Dann ging sie abends um 8 Uhr im Dunkeln mit dem Schäferhund und einer Taschenlampe zu dem Schuppen am Deich. In einem Pferch rund um den Schuppen, eingezäunt mit Planken zum Schutz vor dem Wind, standen die trächtigen Schafe auf Stroh. Waren die Lämmer geboren, kamen sie zusammen mit ihren Müttern in die Einzelboxen im Schuppen. Stunde um Stunde half Annelene nachts den Lämmern auf die Welt. Gegen eins, halb zwei wurde sie von ihrem Schwiegervater oder ihrem Mann abgelöst, um dann oft genug am nächsten Morgen wieder zeitig aufzustehen, weil sie die Kinder für die Schule fertigmachen musste. Drei Kinder haben Reimer und Annelene Bährs, Torsten wurde 1967, Sven 1968 und Kerstin 1972 geboren.

Schritt für Schritt übernahmen Reimer Bährs jun. und seine Frau Annelene weitere Anteile des Hofes. 1975 war der Wechsel komplett vollzogen. Wie schon sein Vater zuvor konnte auch Reimer Bährs jun. einige Erfolge in der Weiterentwicklung seiner Herde vorweisen. Noch zusammen mit dem Vater hatte er Weißköpfe gehalten, sie mit den immer beliebter werdenden Texelschafen gekreuzt und sogar einige Versuche mit dem Einkreuzen der in Frankreich beheimateten Berrichon du Cher unternommen. Und sich dabei über die Jahre ein enormes Wissen angeeignet.

Reimer Bährs jun. ist ein ungewöhnlicher Mensch. Bei ihm sind Herz und Verstand und Wissen nicht auf drei verschiedene Bereiche aufgeteilt, sondern sie bilden gleichberechtigt miteinander die Quelle, die seine Handlungen speist. Das wird an einer Geschichte, die er über eines seiner Schafe erzählt, besonders deutlich:

Vor einigen Jahren kam ein Lamm zur Welt, das nicht auf seinen eigenen Beinen stehen konnte. Sobald es versuchte sich aufzurichten, bekam es spastische Krämpfe oder, wie Reimer Bährs es ausdrückt: „Es bekam seine Beine einfach nicht sortiert." Aber es hatte Hunger und wollte trinken. Deshalb nahm Reimer Bährs sich bei jeder Runde über den Deich die Zeit, dieses eine von rund 1.500 Lämmern, die er besaß, ans Euter seiner Mutter zu heben, wo es mit großem Appetit trank. Das ging eine ganze Weile so. „Eines Tages stand es dann auf seinen eigenen Beinen." Auch später, als dieses Schaf längst ausgewachsen war, kam es immer noch zu Reimer Bährs gelaufen, sobald er den Deich betrat, und knabberte aus alter Verbundenheit ein bisschen an seinem Hosenbein herum.

Annelene und Reimer Bährs blieben von Krisen und Sorgen nicht verschont, die 80er Jahre zeigten sich da besonders stachelig. Es ging gleich fatal los: 1981 brannte es. Der Brand brach an einem Vormittag aus, ein Kurzschluss auf dem Heuboden war die Ursache, und was ein brennender Heuboden nach sich zieht, kann man sich gut vorstellen: Der gesamte Hof brannte ab.

Es folgten unruhige Wochen und Monate, bis der Entschluss zum Neubau des Hofes in seiner jetzigen Form feststand, und noch ein paar weitere Monate bis zum Einzug ins neue Heim. Kaum war das ausgestanden, begann die Diskussion um den geplanten Nationalpark Wattenmeer. Viele Entwürfe und Ideen kamen auf den Tisch, einige von ihnen hätten das Ende der Deichschäferei Bährs bedeuten können. Zumindest auf eine deutliche Verkleinerung ihrer Herden mussten sie sich einstellen, da waren sich die Bährs sicher. Sie brauchten also ein zweites Standbein, wenn ihre Landwirtschaft weiterbestehen sollte.

Einige Schweine hatten sie schon immer gehalten, diesen Zweig ihres Betriebes bauten sie nun weiter aus. Heute betreiben sie neben der Schäferei auch eine Ferkelaufzucht mit rund 350 Tieren.

Als dann der Nationalpark eingerichtet wurde, mussten die Herden auf den Deichen tatsächlich erst einmal verkleinert werden, weil fast die Hälfte der Vorländereien nicht mehr beweidet werden durfte. „Aber dann wuchs ihnen das Gras über die Ohren", erinnert sich Reimer Bährs. Seither sind nur noch wenige Vorländereien gesperrt. In dem Deichabschnitt, auf dem die Schafe der Bährs weiden und der den Seedeich von Kaiser-Wilhelm-Koog bis Neufelderkoog umfasst, sind sogar alle Vorländereien für Schafe geöffnet.

Doch schon drohten zum Ende der 80er Jahre die nächsten Schwierigkeiten: In Großbritannien, Australien und Neuseeland ist die Haltung und Nutzung der Schafe auf ähnliche Weise optimiert wie in Deutschland die Haltung der Schweine und Rinder. Dort werden die Lämmer geschlachtet, sobald sie ein Gewicht von 42 Kilo erreicht haben. Das verarbeitende Gewerbe und der Handel profitieren von dieser Normierung, die Automatisierung der Abläufe wird damit erleichtert, und wollten deshalb diese Normen auch in Deutschland einführen. Bis heute weisen einige Händler Lämmer zurück, die zu schwer geworden sind. Aber die Grenzen sind nicht mehr ganz so eng gezurrt wie in den 80ern. Torsten Bährs treibt die Lämmer, die zu den Anforderungen passen könnten, vom Deich in den Pferch, erst dort werden sie gewogen. Zuvor kommt es auf sein Augenmaß an.

Schwere Zeiten brachen für die Schäferei Bährs mit dem Ende der DDR an. Auf den Weiden der DDR grasten über 2,5 Millionen Schafe, die meisten waren Merino-Fleischschafe, die mit besonderem Augenmerk auf die Wolle gezüchtet worden waren. Nach der Wiedervereinigung wurden innerhalb kürzester Zeit die Landwirtschaftlichen Produktionsgenossenschaften aufgelöst und die Schafe kamen auf den Markt. Die ersten Jahre im wiedervereinigten Deutschland waren für alle Schäfer eine Katastrophe, der Preis für Lammfleisch halbierte sich und erholte sich nur langsam.

Vieles änderte sich auf dem Hof der Familie Bährs in den 90er Jahren. Infolge der Gründung des Nationalparks bauten sie 1990 den neuen Schweinestall. Die beiden Ferienhäuser, die

Oke, Annelene, Reimer jun. und Dorthe Bährs mit ihrem Hütehund Flip vor dem Hofladen.

1993 eines nach dem anderen hinter dem Wohnhaus der Familie entstanden, machten besonders Annelene Bährs große Freude. Denn nun kamen Menschen aus ganz Deutschland zu ihr zu Besuch und sie fand es sehr, sehr anregend, mit diesen Menschen ins Gespräch zu kommen.

Doch die Zeit, in der sie und ihr Mann die alleinige Verantwortung für den Hof trugen, neigte sich in den späten 90er Jahren ihrem Ende entgegen. 1997 heirateten Torsten und Dorthe, einige Monate lebten sie in einem der Ferienhäuser und zogen dann auf den Hof. Unterdessen hatten sich Reimer und Annelene ihr Altenteilerhaus nahe der ehemaligen Schule gebaut. In dem alten Schulgebäude lebt inzwischen ihre Tochter Kerstin mit Mann Heinz und zwei Kindern. Annelene Bährs hätte sich ohne weiteres auf eine Zukunft als Großmutter konzentrieren können. Acht Enkelkinder kamen im Laufe der Jahre zusammen. „Wie die Orgelpfeifen“, sagt sie. Doch obwohl sie ihre Enkel richtig gerne hat, schlug sie beruflich noch einmal eine andere Richtung ein. Nachdem sie die Leitung des Hofes aufgegeben hatte, arbeitete sie weitere 13 Jahre in dem Juweliergeschäft, in dem sie seinerzeit ihre Lehre gemacht hatte. Ihr Mann übernimmt bis heute Aufgaben auf dem Hof. Berät seinen Sohn und die Schwiegertochter. Aber nur dann, wenn er um Rat gefragt wird. Engagiert sich im Verband. Aber die liebsten Arbeiten sind Reimer Bährs noch immer die Kontrollgänge auf dem Deich: „Wenn ich in die Kirche gehe, ist alles von Menschenhand gemacht“, sagt er, „aber am Deich, da bin ich in der Natur, ganz nah an der Schöpfung.“

LEBEN UND ARBEITEN MIT SCHAFEN

DIE AUSSTEIGER JUTTA UND ROLAND UND IHRE SCHAFE IM LÜBECKER UMLAND

Zu dem vielfarbigen Bild der Schafe und ihrer Menschen in Schleswig-Holstein gehören unbedingt auch Jutta Kohlberg-Gangl, ihr Mann Roland und die Schafe, die auf ihrem Hof leben. Dass sie einmal Schafe halten würde, hätte sich Jutta als junge Frau kaum vorstellen können. Klar, sie strickte schon immer gerne, und wie andere Mädchen in ihrer Klasse und sogar einige Jungs hat sie ihr Strickzeug mit in die Schule genommen und während des Unterrichts gestrickt. So war das in den 70er Jahren, Stricken galt als progressiv. Wer im öffentlichen Raum strickte, der pfiff auf Konventionen. Es war die Zeit, als sich zahlreiche Bürgerinitiativen gründeten, die sich für ökologische Themen einsetzten. Erst Jahre später entstand aus diesen Initiativen die neue Partei Die Grünen.

Jutta lebte seinerzeit mit ihrem Mann in Lübeck. Irgendwann kam das erste ziemlich reparaturbedürftige Spinnrad und der erste Sack Rohwolle in ihr Haus. Das war der Anfang. In einem Lübecker Handarbeitsladen ließ Jutta sich das Spinnen zeigen, und dann übte und übte und übte sie. „Irgendwann ist es mir dann doch gelungen, einen Faden zu spinnen", erinnert sie sich. Aber das wars dann auch fürs Erste.

Doch dann kam Tschernobyl. Der Atomunfall im Westen der damaligen Sowjetunion, der heutigen Ukraine, der im Frühsommer des Jahres 1986 die Welt erschütterte. Es begann so harmlos. Nach einem herrlich sonnigen 1. Mai, den viele Menschen im Freien verbracht hatten, hatte es abends weitflächig zu regnen begonnen. Am nächsten Morgen wurde überall in Europa erhöhte Radioaktivität gemessen. Kühe, die draußen auf den Weiden gestanden hatten, gaben radioaktiv verseuchte Milch. Bevor die Radioaktivität festgestellt wurde, war diese Milch wie gewohnt zu Milchprodukten verarbeitet worden. Nun wurden die Milchtüten, Joghurtbecher, Käselaibe eingesammelt und weggeworfen. Die Kühlregale in den Supermärkten waren wochenlang wie leergefegt, selbst das Milchpulver für Babys wurde knapp und konnte nur noch rationiert ausgegeben werden. Die Menschen vermieden den Aufenthalt im Freien, Spielplätze verwaisten. Wenn es regnete, war die Gefahr besonders groß, dann ergoss sich die Radioaktivität, die die Wolken über der Ukraine aufgenommen hatten, direkt auf die Köpfe all derer, die sich draußen aufhielten. Schirme und Schuhe sollten nicht mehr mit ins Haus genommen werden.

Wer diese Zeit erlebt hat, erinnert sich bis heute an das Gefühl der Hilflosigkeit und des Ausgeliefertseins. Die Ausflüge der Menschen am 1. Mai wurden zu einem Symbol für eine bürgerlich-naive Gesellschaft, die an ihre Freiheit und an ihre Werte glaubt, während eine Giftwolke bereits über ihren Köpfen hängt.

Für die Menschen in der Bundesrepublik Deutschland war Tschernobyl eine Zäsur. Aber nur wenige gingen damit so konsequent um wie Jutta und Roland. „Wir wollten nicht weiterma-

Jutta Kohlberg-Gangl mit Schafen – und der Wohlfühljacke aus selbstgesponnener und -gefärbter Schafswolle.

chen wie bisher, als sei nichts geschehen. Wir wollten auf eine andere Art leben, unser eigenes Gemüse anbauen und unsere eigenen Tiere halten." In Badendorf, im Lübecker Umland, kauften sie sich ein altes Reetdachhaus. Zu dem Haus gehörte ein 3.000 Quadratmeter großer Obst- und Gemüsegarten. Es dauerte nicht lange, da konnten sie zusätzlich zwei Hektar Grünland pachten. Roland arbeitete nach wie vor bei der Stadtverwaltung in Lübeck, sein sicherer Arbeitsplatz finanzierte das Projekt Landleben. Jutta fand in Bad Oldesloe Arbeit bei einem Großhandel für Haushalts- und Eisenwaren. „Für jemanden, der ein altes Haus renoviert, war das ein Paradies." Ihren Hof bewirtschafteten sie beinahe von Anfang an ökologisch, zunächst gehörten sie zum Bioland-Anbauverband, später zu Biopark.

In ihrer Freizeit richteten sie ihr Haus her – und begannen damit, sich ihre Selbstversorgerlandwirtschaft aufzubauen. „Wir hatten Schafe, Ziegen, Pferde, Hunde, Katzen, Hühner und Enten. Anfangs war das schon ziemlich chaotisch", erinnert sich Jutta. Die Schafe, die sie geschenkt bekommen hatten, waren ein Bock und ein weibliches Schaf aus einer Herdbuchzucht. Es kam, wie es kommen musste: Das Schaf wurde trächtig und brachte ein Lamm zur Welt. Zu all dem, was es auf ihrem Selbstversorgerhof auszuprobieren galt, kam nun noch die Milch des Schafes. Sicher, das meiste davon brauchte das neugeborene Lamm. Aber was konnten sie mit der Milch anfangen, die übrigblieb?

Es gab kaum noch Betriebe in Schleswig-Holstein, die Schaf- und Ziegenmilch verarbeiteten. Die im Vergleich zu Kühen weniger effektiven kleinen Wiederkäuer passten nicht in die Zeit, in der der Glaube an die Effektivität einer mechanisierten Landwirtschaft gerade seine letzte Blütephase erlebte. Das reizte Jutta, sie wollte der beinahe vergessenen Schafmilch zu neuer Wertschätzung verhelfen und so gesellten sich zu den Tieren ihres Hofes bald auch einige Milchschafe, die auf einen ordentlichen Milchertrag hoffen ließen. In alten Büchern und bei anderen Milchschafzüchtern fand Jutta viele Informationen zur Milchverarbeitung, den einen oder anderen Rat bekam sie auch von einem der wenigen etablierten Käsemeister. Der Rest war einfach Versuch und Irrtum. „Anfangs ist mir ziemlich viel Käse misslungen, den bekamen die Enten und Hühner", sagt sie. Aber schließlich hatte sie den Bogen raus. Sie produzierte einen Käse, der durch die Labgerinnung eigentlich ein Schnittkäse hätte werden können, aber auch als etwas festerer Frischkäse seine Abnehmer fand.

Eine richtige Käseküche, wie sie die Lebensmittelaufsicht heute fordert, hatte Jutta nicht. Nur einen 10-Liter-Topf und eine Käseform. Schwierig war es, die Balance zu finden zwischen dem Milchbedarf der Lämmer und der Menge, die sie morgens und abends mit der Hand abmelken konnte. Auf lange Sicht gesehen, fand Jutta, fehlte ihr für einen angemessen verantwortungsvollen Umgang mit den Schafen noch einiges an Fachwissen. Deshalb verließ sie sich nicht länger auf ihre Bücher über Schaf-

Die A 20, seit Jahren in Planung, wäre quer über die Weiden an ihrem ersten Zuhause verlaufen. In Wahrendorf liegen die Weiden gleich hinter dem Hof der Gangls am Ortsrand.

haltung. Aus der Aussteigerin wurde eine Einsteigerin: Sie machte eine Ausbildung zur Schäferin, später auch zur Schäfermeisterin.

Da stand sie nun, eine zierliche Frau und obendrein eine Öko-Tussi, zwischen den generationenstarken norddeutschen Schäfergesellen und sollte Schafe scheren, Klauen pflegen und Herden treiben. Anfangs fanden die Schäfer viel an ihr auszusetzen. Vor allem fanden sie viel, worüber sie sich lustig machen konnten. Aber das hat Jutta ihnen gründlich ausgetrieben. Indem sie ihre Arbeit gut machte und ihre Schafherde wuchs und gedieh. Aber auch dadurch, dass sie den Männern sehr genau sagte, was sie von ihren Scherzen hielt.

Als Seiteneinsteigerin schaute Jutta Kohlberg-Gangl mit einem neuen, mit ihrem eigenen Blick auf kaum noch hinterfragte Traditionen. Das hat ihr Respekt eingebracht. Bis heute gilt sie unter den alteingesessenen Bauern als jemand, mit dem nicht gut Kirschen essen ist. Ihre scharfe Zunge wird gefürchtet. Darüber kann Jutta inzwischen herzlich lachen. Von der chaotischen Anfängerin hat sie sich zu einer geachteten Schafzüchterin entwickelt, die heute mit den alteingesessenen Bauern und Schäfern auf Augenhöhe sprechen kann und viele Freunde unter den anderen Schaf- und Ziegenzüchtern gefunden hat, egal ob sie in der Region neu sind oder ob ihre Familien schon immer dort lebten.

Vor seiner Pensionierung hat Roland Gangl bei der Stadtverwaltung in Lübeck gearbeitet.

Das Käsen hat sie unterdessen aufgegeben. Die Alternative wäre eine Professionalisierung ihrer Käseproduktion gewesen. Ausschlaggebend für ihre Entscheidung waren allerdings nicht nur wirtschaftliche Gründe: Wer professionell käst, verbringt das Frühjahr und den Sommer in seiner Käseküche. Und Jutta wollte lieber draußen sein, in ihrem Gemüsegarten und vor allem bei ihren Schafen.

Inzwischen haben Jutta und Roland ihren Hof in der Ortsmitte von Badendorf aufgegeben und leben auf einem 14 Hektar großen Hof in Wahrendorf bei Lensahn. Denn die seit langem im Bundeswegeplan vor sich hin dümpelnde Autobahn A 20 wäre quer über ihr Land gegangen, der Umzug auf den größeren Resthof erschien ihnen die bessere Alternative. Roland ist inzwischen in Rente, kann sich also endlich in Vollzeit um den Hof und vor allem um die landwirtschaftlichen Maschinen kümmern, die zur Bewirtschaftung gebraucht werden.

Im Moment halten sie 90 Schafe auf dem Hof in Wahrendorf. Aus alter Tradition gehören immer noch ein paar Milchschafe zur Herde, aber den größten Teil machen die Spaelsau-Schafe mit ihren vielen Farben und der langen Wolle aus. Es sind aber auch einige lockige Gotländische Pelzschafe darunter, die Jutta wegen der edlen Grautöne des Fells schätzt, und dann gibt es noch die besonders hübsch anzusehenden Gescheckten Bergschafe. Im Gegensatz zu den Milchschafen, den Gotländern und den Spaelsauschafen sind die Bergschafe asaisonal, das heißt, sie können nicht nur im Herbst, sondern während des ganzen Jahres gedeckt werden. Dadurch ist die anfallende Arbeit gleichmäßiger übers Jahr verteilt und Jutta kann ihren Kunden, die ihr zertifiziertes Biolammfleisch anfragen, eine kontinuierliche Versorgung anbieten.

Die Wolle ihrer Schafe verarbeitet Jutta zu einem guten Teil selbst. Mit der Wolle der Bergschafe wird vorwiegend gefilzt und die Wolle aller anderen Rassen eignet sich hervorragend zum Spinnen und Stricken. Und das ist über all die Jahre gleichgeblieben: Jutta spinnt und strickt und filzt noch immer gerne.

So vieles hat sich geändert, seit sie als junge Frau aufs Land zog, um auf eine andere Art zu leben. Ihre Hoffnungen und der landwirtschaftliche Alltag haben sich ordentlich aneinander reiben müssen, bevor daraus ihr eigener Weg entstand. Aber heute ist sie angekommen. In einer bäuerlichen Welt, die sie gemeinsam mit vielen anderen bunt und lebenswert macht.

„DAT STICKT DO BINNEN“ – DER SOMMER AUF DEM NORDSEEDEICH UND IM HOFLADEN VON DORTHE BÄHRS

Sonne, Regen, Wind. Das Wetter an der Küste spielt zu allen Jahreszeiten eine wichtige Rolle. Das ist im Norden anders als in der Mitte und im Süden Deutschlands, wo die Natur nur ein Hintergrundrauschen bildet, das mal lauter, mal leiser und manchmal gar nicht zu hören ist. An der Küste entscheidet oft das Wetter darüber, wie der Alltag aussieht. Wenn der Wind weht und der Regen fällt, bringt ein Schirm gar nichts. Dann zieht man sein Ölzeug an. Oder bleibt gleich daheim.

Bis weit ins Jahr hinein prickelt der Wind auf der Gesichtshaut. Doch in jedem Frühjahr gibt es diesen einen Tag, an dem sich alles ändert. Eines schönen Morgens trittst du vor die Tür und der Wind ist eine sanfte Berührung. Nichts prickelt, nichts nervt. Dann beginnt die Zeit, in der die Natur die Menschen leiden mag. Die Menschen und die Tiere. Auf den Wiesen

Torsten Bährs und Jan Jäger treiben Schafe zusammen, die geschoren werden sollen.

Bevor die Scherer an der Reihe sind, schneidet Torsten die Klauen der Schafe.

wächst das Gras, die ersten Gänse sind nach Norden aufgebrochen, und die Schäfer treiben ihre Herden auf die Deiche. Zu diesem Zeitpunkt sind schon alle Lämmer geboren. Die meisten Schafe tragen noch ihre Wolle, es könnten noch kalte Tage kommen. Aber trotzdem ist es endlich soweit: Der Sommer bricht an.

Bei Familie Bährs beginnt, wenn die Schafe auf dem Deich stehen, die ruhigste Zeit des Jahres. Sicher, nach den Schafen muss zweimal täglich geschaut werden. Aber das ist gar kein Vergleich zu der anstrengenden Lammzeit. Torsten Bährs bekommt endlich wieder regelmäßig seinen Schlaf und kann sich erholen. Hektisch wird es nur, wenn eine Sturmflut oder ein Hochwasser drohen. Die Wasserstände muss Torsten Bährs deshalb immer gut im Auge behalten. Den Referenzwert für seinen Deichabschnitt in Neufelderkoog findet er auf der Seite des Bundesamtes für Seeschifffahrt und Hydrographie. Er orientiert sich an dem Wert von Cuxhaven, das auf der anderen Seite der Elbmündung in Niedersachsen liegt. Eine halbe Stunde nach Cuxhaven kommt das Hochwasser auch in Neufelderkoog an.

Der Deichabschnitt, auf dem die Schafe der Familie Bährs stehen, ist knapp drei Kilometer lang. Auf dieser Strecke ziehen sich vor dem Deich die Vorländereien rund zwei Kilometer weit hinaus bis zur Waterkant. Priele durchziehen sie in unregelmäßigen Linien. Auf dieser Fläche würde jeder scheitern, der die Schafe alleine oder zu zweit zusammentreiben wollte. Das ist die Aufgabe der Hütehunde, die auf dem Hof der Bährs leben.

In Schäfereien werden ganz unterschiedliche Hunde eingesetzt. Der Altdeutsche Schäferhund ist wie geschaffen für die Arbeit bei einem Wanderschäfer. Aufmerksam umkreist er die Herde und ersetzt einen Zaun. In der Weide-, aber vor allem in der Deichschafhaltung, ist der Border Collie der am besten für diese Arbeit geeignete Hund. Border Collies bei der Arbeit zu erleben ist beeindruckend. Sobald ein Schaf in der Nähe ist, ändert sich ihre gesamte Körperhaltung. Sie knicken in den Vorderläufen leicht ein, senken den Kopf. Und dann starren sie. Ihr Blick hängt wie festgeklebt an den Schafen. Meist ist es ein einzelnes Tier, das sie fest in den Blick nehmen, und nach wenigen Augenblicken trollt es sich. Der Blick der Hunde drückt reine Konzentration ohne eine Spur von Freundlichkeit aus und es ist deutlich zu erkennen, wie schwer sie arbeiten. Trotz aller Konzentration auf ein einzelnes Schaf haben die Hunde dabei auch ihre Umgebung im Blick. Sie nehmen wahr, wenn am Rand einer Herde ein Schaf auszureißen versucht oder wenn sie ihrem Bauern im Weg stehen, weil der gerade versucht, mit dem Trecker und einem Anhänger auf der Weide zu rangieren.

Schäfer und ihre Hütehunde sind eng miteinander verbunden, sie arbeiten gemeinsam, und ihre Verbundenheit beruht auf Respekt und Wertschätzung. Natürlich kann auch Torsten Bährs davon erzählen. Senta hieß die Hündin, die sich in den Vorländereien besser auskannte als jeder Mensch. „Manchmal dachte ich, wo rennt sie denn jetzt hin. Aber sie wusste genau, was sie tat", erzählt er. Gleichgültig, an welcher

Dorthe Bährs

Stelle der Vorländereien die Schafe standen, Senta wusste genau, auf welchem Weg sie die Tiere in Richtung Deichkrone treiben konnte. Oder Nellie, die Hündin, die für Torsten eine besondere Begleiterin war. „Die wusste, was ich wollte, bevor ich auch nur daran gedacht habe." Sie folgte ihm aufs Wort, sogar dann noch, als sie schon alt und krank war und beim Tierarzt unangenehme Behandlungen über sich ergehen lassen musste. Zwei bis drei Hunde leben immer auf dem Hof der Bährs. Junge, die noch lernen müssen. Alte, die sich die meiste Zeit des Tages ausruhen dürfen. „Ohne Hund bist du bei der Arbeit auf dem Deich echt verratzt", weiß Torsten Bährs.

Während also die Schafe auf den Deichen stehen, ihre Lämmer bei hoffentlich stabilem Sommerwetter heranwachsen und in der Schäferei eine ruhige Zeit einkehrt, beginnt für Dorthe Bährs eine besonders umtriebige Phase – und die genießt sie sehr. Denn im Sommer sind die beiden Ferienhäuser auf dem Hof fast durchgehend belegt, dann kommen die Gäste, die in Neufelderkoog ihren Urlaub verbringen. Auch im Hofladen herrscht während der Feriensaison Hochbetrieb. Aber vor einem gründlichen Blick in den Laden ist erst einmal die Frau hinter der Theke an der Reihe: Dorthe Bährs ist eine ziemlich pfiffige und sehr moderne Bäuerin und die zahlreichen Aufgaben, die sie auf dem Hof wahrnimmt, verdienen eine ausführliche Betrachtung.

Aufgewachsen ist sie mit den Aufgaben einer Bauernfamilie, ihre Eltern sind Landwirte und hatten einen Milchviehbetrieb in Sarzbüttel, der heute von Dorthe Bährs Bruder geführt wird. Mit ihrer Milch beliefern sie die letzte Käserei in Dithmarschen, die Feinkäserei Sarzbüttel, wo täglich rund 60.000 Liter heimische Kuhmilch verarbeitet werden.

Als ältestes von drei Kindern musste Dorthe tüchtig mithelfen. Zweimal am Tag wurde gemolken, auch bei Regen und Wind wurde die Melkanlage auf dem Anhänger mit dem Trecker auf die Weide gezogen, dann wurde in dem offenen Melkstand gemolken. „Wenn der Bulle auf der Weide war, musstest du echt auf Zack sein, dass der sich nicht auch in den Melkstand drängte, denn dann wurde es schwierig."

Dorthe machte ihren Realschulabschluss und danach ihr Abitur auf dem Gymnasium der rund 10 Kilometer entfernten Kleinstadt Meldorf. Physiotherapeutin, Grundschullehrerin oder Bankkauffrau, diese Berufe konnte sie sich vorstellen. Es wurde die Bankkauffrau, Dorthe arbeitete nach ihrem Abschluss in der Kreditabteilung. Und dann kam Torsten. Die beiden kannten sich schon lange, bevor sie sich anfreundeten. Sie hatten sich in der Landjugend kennengelernt. Dorthe war 24, als sie im Juni 1997 heirateten. Ihre Tochter Deike wurde im Dezember geboren. Ein Jahr später kam Hannes zur Welt. Momme wurde 2003 geboren und Oke, der vorläufig Letzte in der Reihe, 2008.

Wenige Monate nach ihrer Eheschließung übernahmen Torsten und Dorthe Bährs die Verantwortung für den Hof, Torstens Eltern Reimer und Annelene Bährs zogen sich in die zweite Reihe zurück.

Dorthe Bährs ist eine liebevolle, aber sehr unprätentiöse Mutter. „Ja, glaubst du denn, ich hätte in der Stadt vier Kinder bekommen?“, fragt sie und beantwortet die Frage gleich selbst: „Niemals!“ Wenn ihre Kleinen so gar nicht zur Ruhe kommen wollten, hat sie sie mit dem Kinderwagen in den Schafstall geschoben. „Das hat immer geholfen.“ Kaum hat sie diesen Satz gesagt, wirkt sie auch schon erschrocken. Weil sie darüber nachdenkt, wie es bei einem nicht in der Landwirtschaft lebenden Menschen ankommt, nervige Babys bei den Schafen zu parken.

Die Kinder beweisen, dass Torsten und sie ziemlich viel richtig gemacht haben. Deike hat gerade ihre Ausbildung zur Schifffahrtskauffrau abgeschlossen und lebt in Kiel. Hannes ist ausgebildeter Landwirt und arbeitet mit auf dem Hof. Momme ist für einen Pubertierenden sehr umgänglich und Oke, der Jüngste, ist wie seine Geschwister für seine elf Jahre ziemlich hoch aufgeschossen und mit unglaublichem Selbstbewusstsein und der großen Klappe gesegnet, die er als jüngster von vier Geschwistern einfach braucht, um sich zu behaupten.

Mit vier Kindern, zwei Ferienhäusern und dem großen landwirtschaftlichen Betrieb hat Dorthe Bährs reichlich zu tun. Sie ist Hausfrau – aber was für eine! Einen großen Teil des Tages verbringt sie im Büro und erledigt all die administrativen Arbeiten, die zu einem großen landwirtschaftlichen Betrieb mit zweieinhalb Mitarbeitern dazugehören. Doch das ist längst nicht

Familie Bährs v.l.n.r.: Hannes, Dorthe, Torsten, Oke, Deike, Momme.

alles. In ihrem Esszimmer steht ein langer Tisch, eine richtige Tafel, die nicht nur dazu da ist, von Zeit zu Zeit mit Freunden gemütlich zu schmausen. Bei Dorthe Bährs sitzen mittags bis zu zehn Personen am Tisch und wollen verköstigt werden. Zur eigenen Familie gesellen sich auch die Mitarbeiter, die auf dem Hof arbeiten. Und an den Tagen, an denen Scherer da sind oder Handwerker auf dem Hof etwas zu tun haben, wird sogar umschichtig gegessen. Am Nachmittag, zur Kaffeestunde, kommen alle noch einmal zusammen und dann gehört etwas Süßes auf den Tisch. Das muss nicht immer Kuchen sein, eine Schüssel mit frischen Erdbeeren und Sahne tut es auch. Aber wenn die Pause beginnt, muss alles bereitstehen. „Ich kann gerne auf die Leute warten. Aber es darf nicht sein, dass sie in ihren Pausen auf mich warten müssen", sagt Dorthe.

Kaffee und kalte Getränke stehen für alle, die auf dem Hof arbeiten, immer bereit. Und zwar mit Milch, Zucker, sauberen Tassen und Löffeln, das wird regelmäßig kontrolliert. Die Waschräume auf dem Hof werden auch jeden Tag überprüft und geputzt. Nicht, dass Dorthe Bährs darum viel Aufhebens machen würde. Sie tut, was zu tun ist – und gut ist. Dass das etwas Besonderes sein könnte, käme ihr nicht in den Sinn. „Dat stickt do binnen", sagt sie auf Plattdeutsch, weil das für sie die Sprache ist, mit der sich Gefühle auch ohne Pathos ausdrücken lassen. Was bei ihr binnen stickt, ist ihre Fähigkeit, sich immerzu um das Miteinander der Menschen auf ihrem Hof zu kümmern. Sie denkt nicht zuallererst an sich, sondern überlegt, was sie tun kann, damit es den Menschen gut geht, die diesen Betrieb mit ihrer Kraft und ihrem Engagement am Laufen halten.

Ihre Ideen und Pläne rund um einen Hofladen entwickelte Dorthe Bährs nicht aus dem blauen Dunst, sondern sie entstanden folgerichtig aus den Wünschen ihrer Feriengäste. Weitab vom nächsten Geschäft brauchten die manchmal Kleinigkeiten, für die sie nicht extra losfahren wollten. Also bevorratete Dorthe etliches, was die Gäste nachfragten, in ihrem eigenen Haushalt. Daraus entstand in vielen kleinen Schritten die Idee eines Hofladens und der war zu Beginn, 2001, noch kein realer Laden mit einer Verkaufstheke, sondern lediglich ihre eigene Küche.

Zum Metzger nach Friedrichskoog, der alteingesessenen Landschlachterei Mewes, brachten die Bährs einige ihrer schlachtreifen Lämmer. Bereits 2001 begann Dorthe Bährs damit, frisches Lammfleisch mit der Post zu verschicken. Das vakuumierte Fleisch wird dabei zusammen mit einigen Kühlpacks in einer Styroporbox durch einen speziellen Lebensmittel-Expressdienst der Deutschen Post verschickt. Heute weiß Dorthe, wie viele Kühlpacks sie zu einer bestimmten Menge Fleisch packen muss, damit es gut gekühlt beim Empfänger ankommt. Aber die Anfänge bestanden tatsächlich darin, Lammfleisch an Freunde und Bekannte in ganz Deutschland zu versenden, die ihr gleich nach dem Öffnen der Box die Temperatur des Fleisches meldeten. Andere kauften das Fleisch bei ihr auf dem Hof: Wer zuvor bei Dorthe seine Telefonnummer hinterlassen hatte, wurde von ihr angerufen und konnte sich das vom Schlachter vakuumierte Fleisch frisch bei ihr abholen. Den Rest verkaufte sie in gefrorenem Zustand. „Die Leute kamen zu mir in die Küche", erinnert sich Dorthe. „Und das bei vier kleinen Kindern. Das war manchmal ein ganz schöner Trubel." Wie gut das Fleisch ist, das sie verkauft, sprach sich rasch herum. „Das Fleisch muss nicht gewürzt werden, die Lämmer sind ja in würziger Luft aufgewachsen. Das ist auch toll für Leute, die gar kein Salz verwenden dürfen." Der Trubel in ihrer eigenen Küche wurde durch die steigende Beliebtheit des Lammfleisches nicht gerade weniger.

Ihre Kinder wurden größer und Dorthe hatte Zeit für neue Pläne. An sieben Tagen in der Woche quasi rund um die Uhr für die Kunden bereitzustehen, war vielleicht doch nicht das Gelbe vom Ei. Zusammen mit ihrer Schwägerin Kerstin dachte sie 2013 über einen richtigen Hofladen mit einem festen Gebäude nach. „Lieber an drei Tagen mit festen Öffnungszeiten im Laden arbeiten, statt immerzu zwischendurch“, da war sie sich sicher. Sie fanden eine Architektin, die ihnen half, all das umzusetzen, was ihnen wichtig war. „Im Hofladen muss es warm sein, damit die Leute auch bei Schmuddelwetter gerne reinkommen.“ Das war eine der Bedingungen. „Und eine Toilette brauchten wir, weil die Menschen weitere Wege auf sich nehmen müssen. Wir liegen ja nicht gerade an der B5.“

Im Januar 2014 begannen die Bauarbeiten an dem zweistöckigen Laden mit der Holzverkleidung in der typischen roten Farbe schwedischer Häuser. Schön ist er geworden, Dorthes Laden. Im unteren Stock ist die Verkaufstheke, dort stehen auch die Kühlschränke mit Käse, Wurst und den Getränken neben den Regalen mit regionalen Produkten wie Öl, Essig, Gewürzen, Marmeladen und anderen Leckereien. Aber das Besondere des Hofladens findet sich gleich die Treppe hoch im ersten Stock. Dort erstreckt sich eine große, offene Galerie über den gesamten Verkaufsraum und die dahinter liegenden Arbeitsräume. Zwei Tische mit langen Bänken stehen auf der Galerie, es ist richtig gemütlich. Dafür sorgen auch die Felle der eigenen Schafe, sorgfältig gegerbt und zum Verkauf aufbereitet.

In den ersten Jahren wurde im Hofladen samstags ein Lammessen angeboten, eigentlich zur Verkostung und um die Qualität des Lammfleischs für alle schmeckbar zu machen. Viel Leckeres aus eigenem Lammfleisch und regionalem Gemüse stand auf dem wöchentlich wechselnden Plan: „Gestovter Grünkohl mit Lammfleisch nach Prager Schinken Art und Lammkochwurst“ oder „Lammkohleintopf“ oder „Lammbohneneintopf“. Dazu gab es Bier und Saft und Wasser aus der Region und selbstgebackenes Brot. Das samstägliche Essen entwickelte sich rasch vom Geheimtipp zur festen Größe in der Wochenendplanung vieler, vieler Menschen: Samstags aß man bei Bährs zu Mittag.

Anfangs versuchten Dorthe und Kerstin noch, dem Ansturm gerecht zu werden. „Das wurde immer mehr, fast wie in einem richtigen Restaurant.“ Aber dafür war der Hofladen nicht ausgelegt, das konnte nicht funktionieren. Irgendwann war die Grenze des Machbaren erreicht. Außerdem wollte Kerstin wieder Vollzeit in ihrem Beruf als Erzieherin arbeiten, nachdem ihre eigenen Kinder fast schon erwachsen waren. Doch alleine, nur mit Kerstins gelegentlicher Unterstützung, konnte Dorthe die samstäglichen Essen nicht mehr stemmen, der Mittagstisch wurde eingestellt.

Warum dieses Essen so beliebt werden konnte, versteht jeder, der an Dorthe Bährs Tisch gesessen hat. Ihre Art des Kochens ist wirklich etwas Besonderes. Die Hauptrolle spielen die Produkte, die sie verarbeitet. Bei ihr schmeckt der Steckrübenstampf wirklich nach Steckrübe und nicht nach irgendwelchen raffinierten Gewürzen. Dieses Prinzip zieht sich durch alle Speisen, vom Fleisch übers Ei bis zum Salat. Außerdem hat Dorthe Bährs keine Angst vor den Kalorien, die Sahne und Butter mit sich bringen. Warum auch? Die meisten Menschen, die bei ihr essen, arbeiten schwer an der frischen Luft, die können das Quäntchen Extrafett gut gebrauchen. Und für den Geschmack ist es allemal gut.

Für ihren Hofladen lässt sich Dorthe abseits des Mittagstisches immer wieder etwas Neues einfallen. Das selbstgebackene Brot, das ihre Besucher so gerne aßen, bietet sie von Zeit zu Zeit als Backmischung an. In der Adventszeit gibt es kleine Leckereien wie beispielsweise ein Lammschinkenbrot und warmen, gewürzten Apfelsaft. Inzwischen haben die Bährs sogar eine ei-

Die obere Etage des Hofladens.

gene Merchandising-Linie. Wattpötte, T-Shirts, Karten und Schürzen mit einem Motto, das für viele Situationen passt. In einer langen Reihe stehen die braven weißen Schafe, dazwischen grinsend ein schwarzes. Darunter steht: „Eens is jümmers dorbi …“

Landauf, landab sind Zeitungen, Zeitschriften und sogar das Fernsehen auf Dorthe Bährs Hofladen aufmerksam geworden. Donnerstags, freitags und samstags reißt das Klingeln der Türglocke nicht ab. Es wird aber nicht nur eingekauft, sondern es wird auch geschnackt. Ausführlich geschnackt. Dorthe unterhält sich gerne mit ihren Kunden. Sie spricht mit Kindern und Erwachsenen, Männern und Frauen, Jungen und Alten, interessiert sich für das, was sie zu erzählen haben und schenkt jedem ihre Aufmerksamkeit. Aber sie verbiegt sich nicht. „Dat stickt do binnen.“

FREI NACH TORFROCK: RENATE GRANATE LEBT AUF SCHWANSEN

Eigentlich sollte dieses Kapitel vom Scheren handeln und vor allem von Anke Mückenheim, für die Schafe schon immer zum Leben dazugehören. Aber dann hat sich eine andere in den Vordergrund gedrängt: Renate.

Renate ist ein Rauwolliges Pommersches Landschaf und gehört zu der kleinen Herde aus drei Schafen, die Familie Johannssen hält. Die Eltern von Birte Johannssen waren Bauern. Die Schafe, aber vor allem ihre Bienen, sind die letzten Verbindungen zur Landwirtschaft und die hegen und pflegen die Johannssens mit sehr viel Hingabe. Ihre Bienenvölker stehen auf einer Anhöhe der Halbinsel Schwansen zwischen Schlei und Eckernförder Bucht, nicht allzu weit von der Ostsee entfernt. Dort gibt es ein paar Bäume, zu wenige für ein Wäldchen, aber immerhin. An diese Ansammlung von Bäumen schließt sich eine kleine Weide an, vielleicht einen halben Hektar groß, darauf der Stall. Dort leben die drei Schafe der Johannssens. Sie heißen Lieschen, Mariechen und Renate, allesamt benannt nach den verstorbenen und sehr vermissten Tanten, mit denen Birte Johannssen aufgewachsen ist.

Anke Mückenheim kennt die Johannssens und ihre Schafe, seit die Mütter der jetzigen Schafe noch Lämmer waren. „War das 2009 oder 2006?", überlegt sie laut, während sie über die von Traktoren ausgefahrenen Feldwege den langgezogenen Hügel hinaufrumpelt. Ihr Auto ist ein uralter Passat mit indifferenter Farbe. Gut möglich, dass nach einer Wäsche ein dunkelblauer Lack zum Vorschein käme. Aber es ist unwahrscheinlich, dass irgendjemand plant, das alte, verdiente Auto mit einer Wäsche zu plagen. Würde wahrscheinlich auch wenig bringen, denn nach zwei Tagen auf den Feldwegen Schwansens wäre der ganze Effekt sowieso wieder verpufft. Auf dem geschlossenen Anhänger, der am Passat hängt, ist die Schermaschine untergebracht, die sich auf sehr fundamentale Weise von einem akkubetriebenen Rasierapparat unterscheidet, doch dazu später mehr.

Denn zunächst wird sich sehr gefreut über das alljährliche Wiedersehen.

Die meisten Schafe werden einmal im Jahr geschoren. Im Januar beginnen die ersten Gebrauchsschäfer mit der Schur der trächtigen Schafe, die ihre Lämmer zu Anfang des Jahres bekommen. Sie werden, zusammen mit den Lämmern, in den Ställen bleiben. Im Stall stehen die Schafe dann recht eng beieinander, enger jedenfalls, als sie auf der Weide stünden. In einem Stall wird nicht geheizt, natürlich nicht, aber die Schafe wärmen sich gegenseitig und die Wärmelampen, unter denen einige der neugeborenen Lämmer in den ersten Stunden oder Tagen liegen, sorgen für zusätzliche Wärme. „Deshalb werden die Schafe schon im Januar geschoren, das sorgt im Stall für ein gutes und gesundes Raumklima", erklärt Anke Mückenheim und das leuchtet ein, denn hunderte schwitzende Schafe in einem Stall, wer kann das schon wollen.

Zu Ostern, wenn erfahrungsgemäß die höchsten Preise für Lammfleisch gezahlt werden, sind die Lämmer dieser Schafe bereits schlachtreif, allerdings sind auch die Kosten für die Fütterung im Stall höher. Die Schafe anderer Gebrauchsschäfer lammen erst im März und April. Diese Schafe werden lediglich zur Geburt kurz aufgestallt und bekommen den Po freigeschnitten, damit die Geburt hygienisch gut vonstattengehen kann. Mit ihren Lämmern kehren sie dann so bald wie möglich auf die Weiden und Deiche zurück, damit sie das erste, besonders eiweißreiche Gras fressen können. Um sich draußen wohlzufühlen, brauchen diese Schafe ihr Fell noch eine ganze Weile und werden deshalb erst im Frühsommer geschoren. Aber das ist nicht der einzige Grund für eine Schur, die sich zunächst auf die Rückseite der trächtigen Schafe beschränkt. Nur so kann der Schäfer sehen, ob die Lämmer gut trinken und Probleme erkennen, bevor sie sich im Wohlbefinden der Lämmer niederschlagen.

Die Johannssens auf Schwansen haben gekocht, auf dem Gaskocher in der kleinen Hütte hinter dem Unterstand für die Bienenstöcke. Es gibt Bratkartoffeln mit hausgemachter Sülze und es dauert eine Weile, bis alle Neuigkeiten ausgetauscht und besprochen sind. Es sitzt sich gemütlich bei den Johannssens an dem schönen, sonnigen Tag.

Wenige Meter vom Campingtisch, an dem die Menschen sich niedergelassen haben, stehen die drei Schafe angepflockt. Sie wirken missmutig. Claus Johannssen hat sie mit Knäckebrot von der Weide gelockt. Sie kennen das alljährliche Procedere und sind doch wieder drauf hereingefallen.

Bis Anfang Juli – und wenn es kalt ist, auch mal ein paar Tage später – sollten alle Schafe geschoren sein. Das wird seit Generationen so gehandhabt und daraus leitet sich auch der Begriff der Schafskälte ab, einer Kälteperiode, die Mitte Juni häufig ein paar kühlere Tage mit

Bevor Liesbeth weiß, wie ihr geschieht, hat Anke sie gepackt und auf den Hintern gesetzt. Zuerst werden die Klauen geschnitten.

sich bringt. Aber das ist nicht der einzige Grund, warum es die Schafe nicht gerade zur Schur drängt.

Mit tausendfach geübten Handgriffen baut Anke Mückenheim ihre Schermaschine auf. Das Handstück, das Gerät also, das der Scherende in der Hand hält, ähnelt einer kleinen elektrischen Heckenschere. Aufgespreizt wie Finger bewegen sich scharfe Scherblätter hin und her und weil

Beim Scheren ist jeder Schritt und jeder Handgriff wie in einer Choreographie vorgegeben, damit das Schaf möglichst schonend geschoren werden kann.

sich dabei Metall auf Metall schiebt, müssen diese Scherblätter vor jedem Schervorgang mit einem ordentlichen Spritzer Öl geschmiert werden.

Während Anke Mückenheim den Scherplatz vorbereitet, wirft Claus Johannssen den Generator an, den er sich eigens für diesen Anlass ausgeliehen hat. Ob wegen des laut tuckernden Generators oder der bevorstehenden Schur: Liesbeth, Mariechen und Renate werden unruhig und tänzeln von einem Fuß auf den anderen.

Anke streckt noch einmal den Rücken. Sie ist eine große, stabile Frau. Zum Scheren hat sie einen breiten Ledergürtel umgelegt, den sie wie ein Ringer oder Gewichtheber unter dem Bauch entlangführt, damit sie sich bei keiner der ruckartigen Bewegungen, die sie unausweichlich machen wird, einen Leistenbruch zuzieht.

„An der Qualität der Wolle kannst du erkennen, wie es den Schafen geht", erklärt sie. Fehler in der Haltung und der Fütterung, aber auch schwierige Wetterverhältnisse, lassen sich in der Wolle erkennen, kumuliert über den gesamten Zeitraum seit der vergangenen Schur, daran ist nicht zu rütteln und auswaschen lässt sich das auch nicht. Denn das Zeugnis, das die Wolle gibt, ist unbestechlich. Bei Schafen, die gelammt haben, macht die Wolle einen kleinen Knick, von der plötzlichen Hormonveränderung durch die Geburt ausgelöst. Der Knick macht es etwas schwieriger, diese Wolle von Hand zu verspinnen.

Von geknickter Wolle sind Mariechen, Liesbeth und Renate weit entfernt, ein Bock war auf ihrer Weide noch nie zu Besuch. Liesbeth ist die unruhigste der drei Schafdamen, deshalb führt Claus Johannssen sie mit viel Knäckebrot, reichlich guten Worten und ein bisschen sanfter Gewalt am Strick zu Anke. Die fasst beherzt ins Fell und löst den Strick. Damit enden alle Betulichkeiten auf der Stelle. Denn mit einem geübten Griff und der überraschenden Schnelligkeit eines Karatekämpfers wuchtet Anke Mückenheim das erschrockene Schaf erst zur Seite, richtet es auf und schon sitzt Liesbeth mit weit gespreizten Hinterbeinen vor Anke. Liesbeth, nun jeglicher Bodenhaftung beraubt, lässt alle Fluchtgedanken fahren und fügt sich in ihr Schicksal. Mit ihren eigenen Beinen stützt Anke das Schaf ab. Doch bevor sie mit dem Scheren beginnt, ist zunächst die Klauenpflege an der Reihe. Mit einem scharfen und stabilen Messer schneidet sie das Horn, das sich von den Außenseiten der Klauen über die Sohle zu schieben beginnt, danach sind die Schafklauen wieder glatt und eben. Und dann beginnt die Schermaschine zu surren.

Seit beinahe 20 Jahren schert Anke Mückenheim in der Bodenschur, das heißt, sie setzt die Schafe vor sich auf den Boden und befreit sie dann von ihrem Vlies. Jeder Schritt, jeder Handgriff ist festgelegt, die ganze Schur folgt einer festgelegten Choreografie. Die Schermaschine setzt Anke an, als würde sie den Schafen aus dem Mantel helfen. Die Bodenschur wurde in Neuseeland und Australien entwickelt, dabei steht der Scherer in fast rechtwinkliger Haltung über den Schafen und kontrolliert die Bewegungen der Schafe mit den Beinen, das ist schonender für den Rücken des Scherers als die Bankschur, bei der die Arme und der Rücken den schwersten Teil der Arbeit erledigen.

Weil Anke Mückenheim auf ihrer Tour bei den Hobbyschäfern nur wenige Schafe schert, ist die körperliche Belastung beim Scheren noch kein Problem. Aber beim Scheren in Schäfereien, wo oft ganze Schertrupps einen oder

Fundstück aus dem Archiv des Landwirtschaftsmuseums in Meldorf: Eine Ansichtskarte zur Erinnerung an das Jubiläum einer Schäferei von 1913

Anke Mückenheim schert in Bodenschur, wie sie in Australien und Neuseeland üblich ist. Bei der traditionellen europäischen Bankschur – wie hier zu sehen – wird der Rücken des Scherers stärker beansprucht, außerdem dauert die Schur statt einer bis zu fünf Minuten.

Bei professionellen Schertrupps arbeiten die Scherer zusätzlich mit einem Gurt, in den sie ihren Oberkörper einhängen können.

zwei Tage arbeiten und jeder Scherer am Tag um die 150 Schafe in Bodenschur schert, könnte das kein noch so gesunder Rücken unbeschadet aushalten. Deshalb gehört bei den reisenden, hochprofessionellen Schertrupps zum Aufbau auch ein breiter Ledergurt, der mit einer Kette an der Angel über den Köpfen der Scherer befestigt ist. Den ziehen sie sich unter den Oberkörper und legen sich in den Gurt, er trägt ihr Gewicht und entlastet den Rücken.

Eine richtig schwere Arbeit bleibt das Scheren trotzdem. Und gleichgültig, wie der Scherer arbeitet, ob auf dem Boden oder der Bank, sein Ziel ist es immer, das Schaf so schonend wie möglich von seiner Wolle zu befreien. Jedes neue Ansetzen der Schermaschine, jedes sich lösende Teil des Vlieses ist ein Scherfehler und würde bei einem Scherwettbewerb zum Punktabzug führen. Der aktuelle Schafschur-Weltmeister schert in Bodenschur und braucht dazu nur knapp eine Minute pro Schaf. Da können die deutschen Scherer, die traditionell in Bankschur scheren, mit rund fünf Minuten pro Schaf nicht mithalten. Alle zwei Jahre führt der Verein deutscher Schafscherer in Deutschland eine Schafschurmeisterschaft durch. Gelegentlich nimmt auch Anke Mückenheim an diesen Meisterschaften teil. Aber nicht so sehr, um zu gewinnen. Sondern um Bekannte aus ganz Deutschland zu treffen. Und vor allem, um Neues zu lernen.

Bei Liesbeth schaut Anke kein Punktrichter über die Schulter, aber einen hohen Anspruch an ihre Professionalität hat sie natürlich trotzdem. Liesbeth ist das schnurzpiepegal. Sie ist einfach nur erleichtert, als Anke sie loslässt und sie davonziehen darf. Bei den ersten Schritten ist sie noch ein wenig tappselig, dann gibt sie Gas, rennt hinüber zur Weide, bleibt an der am weitesten vom Scherplatz entfernten Stelle des Zauns stehen und verschnauft erst einmal. Aber da setzt sich auf der Nachbarweide schon eine Kuh in Bewegung, eine dieser großen, schweren Highlandkühe, und schaut über den Zaun, schnaubend, als hätte sie so ein seltsames Wesen wie ein geschorenes Schaf noch nie gesehen. Das ist Liesbeth definitiv zu viel Aufmerksamkeit. Mit der maximalen Genervtheit, die ein Schaf an den Tag legen kann, stakst sie in ihren Stall und dreht der Welt ihre Kehrseite zu.

„Selbst untereinander sind sich unsere drei Schafe nach der Schur fremd", erklärt Birte Johannssen. „Es ist, als müssten sie sich erst wieder aneinander gewöhnen." Während Liesbeth sich im Stall versteckt, hat Anke Mückenheim schon Mariechen geschoren, rasch und problemlos, und auch Mariechen springt befreit davon. Als letzte steht noch Renate angepflockt bereit und ihr Blick sagt eigentlich schon alles. Beherzt geht Claus Johannssen auf sie zu. Er ist ein freundlicher, sanfter und leiser Mann, eher zart als kräftig, jedenfalls keiner, der mal so eben das Klavier trägt und Heldentaten in Serie vollbringt. Bevor er in Rente ging, hat er im Amt für Finanzen in der Kreisverwaltung gearbeitet. Kurz gesagt: Einer hysterischen Renate hat er physisch wenig entgegenzusetzen. Wobei der Konjunktiv hier präziser wäre: Hätte er wenig entgegenzusetzen. Denn während er sich nähert, die Hand schon nach dem Seil ausstreckt, nimmt Renate alle Kraft zusammen, zerrt mit dem Seil den doch immerhin mit dem Hammer eingeschlagenen Pflock aus dem Boden und reißt sich los. Claus Johannssen springt nach vorn, stolpert fast, bekommt das Seil gerade noch zu fassen, doch es rutscht ihm durch die Hände und der Pflock, der gegen sein Handgelenk knallt, bereitet seinen Bemühungen ein radikales Ende. Unterdessen rennt Renate los. Den Pflock am Seil hinter sich her schleifend fegt sie kreuz und quer über die Weide, ihr Auftritt ähnelt dem einer Dramaqueen in einer Fernsehkomödie. Entweder ist es der Pflock, den sie sich rennend gegen die Beine schleudert, oder es sind ihre Besitzer, die mit lauten „Renate! Renate!"-Rufen ihr hinterhersprinten und ihr bei jeder Kehrtwende folgen, zur Ruhe kommt Renate jedenfalls nicht. Anke Mückenheim zuckt mit den Schultern und übernimmt vom Gatter aus die Aufgabe, die wilde Schar zu dirigieren. „In den Stall!", ruft sie, und: „Von links rangehen!" Theoretisch könnte es funktionieren, Renate auf diese Weise einem Ziel zuzutreiben. Doch praktisch durchlebt Renate einen weiteren Moment des Schreckens nach Art der Dramaqueen, weil sie im Stall ihre beiden geschorenen Kameradinnen erblickt. Als hätten die sie daran erinnert, was ihr blüht, wenn sie die wilde Jagd aufgibt, wirft sie den Kopf in den Nacken und hechtet noch einmal los, über Stock und Stein, Birte Johannssen muss mit einem beherzten Sprung zur Seite ausweichen. „Schluss jetzt!", ruft Anke Mückenheim. „Jetzt ist erst mal Pause!"

Birte und Claus Johannssen ziehen sich zurück, Renate bekommt Zeit zum Verschnaufen. Zehn Minuten, eine Viertelstunde vergehen. Von dem morgendlichen Knäckebrot ist noch etwas übrig. Schon als Claus Johannssen mit der Tüte raschelt, hebt Renate den Kopf, und weil ihre beiden Schafskolleginnen, denen das Rascheln der Tüte nicht verborgen geblieben ist, sich zügig nähern, will Renate ihnen nicht das Feld überlassen und setzt sich gleichfalls in Bewegung. Zögernd zunächst, doch als die beiden anderen bereits kauen, lässt sie alle Vorsicht fahren und stürmt los. Darauf hat Anke Mückenheim nur gewartet. Bevor Renate versteht, was ihr geschieht, sitzt sie auf dem Hintern und bekommt die Klauen geschnitten. Nein, das gefällt Renate ganz und gar nicht. Sie ist zappelig, noch immer ein bisschen überdreht durch die missglückte Flucht, und Anke hat ihre liebe Mühe mit ihr.

Als Renate frisch geschoren wieder auf ihren vier Beinen steht, zeigt sich auf ihrem Rücken eine blutige Schramme. Anke Mückenheim nimmt eine Spraydose zur Hand, sie enthält das sogenannte Blauspray, das gegen Bakterien, Viren und Pilze wirkt und verhindert, dass die Wunde sich entzündet. Das Blauspray hat noch einen weiteren Vorteil. Denn Anke muss die noch immer aufgebrachte Renate nicht berühren und damit aufs Neue erschrecken, sondern kann beinahe gerausch- und völlig geruchlos das Spray auf die Wunde aufbringen.

Fast könnten einem Renate und ihre Artgenossen leidtun. Auf der Liste der wünschenswerten Ereignisse im Dasein eines Schafes rangiert das Geschorenwerden ziemlich weit unten. Aber nützt ja nichts, einmal im Jahr muss die Wolle ab. Das hat nicht etwa die Natur so eingerichtet. Denn es wäre ziemlich unsinnig, wenn es wildlebende Tiere gäbe, die nicht ohne menschlichen Eingriff existieren könnten. Nein, es war der Mensch, der den Schafen dieses besondere Merkmal auf den Leib gezüchtet hat. Zu Beginn der Nutztierhaltung verloren die Schafe ihr Fell noch auf natürliche Weise. Den größten Nutzen hatten die Menschen bei den Schafen, deren Wolle ausgekämmt und dann weiterverwendet werden konnte. Die Wolle

Liesbeth ist von der Aufmerksamkeit der Kühe maximal genervt.

wärmte die Menschen, und den Schafen ein Vlies anzuzüchten, das geschoren und weiterverarbeitet werden kann, bedeutete für sie kontinuierlichen Nachschub eines wertvollen Rohstoffs, ohne dass sie ihre Tiere dafür schlachten mussten. Von dem langen Weg, den die Entwicklung des Schafes zum Wolllieferanten nahm, zeugen noch heute einige Schafrassen. Denn die Halter einzelner Landschafrassen können nicht einfach entscheiden, wann sie ihre Tiere scheren lassen möchten, sondern sie müssen sich bis in den Frühsommer gedulden. Erst wenn es warm genug ist, löst sich die Unterwolle und erst dann kann sie zusammen mit dem Deckhaar abgeschoren werden. Das ist auch bei Liesbeth, Mariechen und Renate der Fall, sie sind Rauwollige Pommersche Landschafe und gehören einer alten Landschafrasse an.

Heute ist die Wolle für die meisten Schäfer eher Fluch als Segen. Der Abnahmepreis für Wolle ist im Keller. Aber das ficht Anke Mückenheim nicht an. „Die Wolle der Pommern ist toll zum Verspinnen", weiß sie und die Johannssens überlassen ihr die drei Vliese gerne. Sie packt sie, zusammen mit der Schermaschine, in ihren Anhänger und nach einer herzlichen Verabschiedung, während die Johannssens hinter ihr herwinken, rumpelt sie den Hügel hinab zum nächsten Hobbyschäfer.

Anke Mückenheim ist in Rieseby im Landkreis Rendsburg-Eckernförde aufgewachsen. Ihr Vater hatte die ersten Schafe angeschafft und für seine Tochter gehörten sie während ihrer Kindheit einfach zum Leben dazu. Ihre Familie hielt nicht nur Schafe, sondern auch Pferde und Ponys und für eines dieser Ponys war Anke bereits als Jugendliche verantwortlich. Während ihre Klassenkameraden darauf warteten, endlich alt genug für den Mopedführerschein zu werden, spannte sie das Pony vor ihren kleinen Pferdewagen und fuhr los. Für ihre Nachbarn wurden Anke und ihr Pony zum gewohnten Anblick, wenn sie gemeinsam über Straßen und Wege zockelten.

Wie vielen anderen Teenagern stand auch Anke Mückenheim der Sinn danach, ihr Taschengeld aufzubessern. Doch was konnte sie, womit ließ sich Geld verdienen? Jahr um Jahr hatte sie ihrem Vater beim Scheren geholfen und sogar schon selbständig Schafe scheren dürfen. Dabei benutzten die Mückenheims damals keine maschinell angetriebene Schermaschine, sondern eine Handschere. Die sieht ein bisschen aus, als könne man damit die Rasenkanten begradigen. Aus einem an einer Seite offenen Ring ragen zwei Scherblätter. Beim Scheren müssen diese Blätter gegen den Widerstand des wie eine Feder wirkenden Rings zusammengedrückt werden.

Diese Handschere packte die 15-jährige Anke auf ihren Ponywagen und fuhr zu den Menschen, von denen sie wusste, dass sie zwar keine Herde, aber immerhin ein paar Einzeltiere hielten. Die Geschäfte liefen blendend für den Teenager auf seinem Ponywagen, und nach einiger Zeit schaffte sich Anke Mückenheim eine erste elektrische Schermaschine an, zunächst noch ein einfaches Modell. Aber schon damit konnte sie ihren Kundenkreis erheblich erweitern.

Womit sie ursprünglich gar nicht gerechnet hatte, wurde ihr beim Nachdenken über ihren künftigen Beruf bewusst. Abitur hin oder her, sie hatte offensichtlich die entscheidenden Weichen bereits gestellt, als sie das erste Mal zum Scheren loszog: Sie wollte auch in ihrem Beruf mit Schafen arbeiten.

Im Sinn hatte sie dabei das traditionelle Bild eines Hüteschäfers, der mit seiner Herde über die Weiden zieht. Doch die gibt es hauptsächlich in Süddeutschland, vor allem in Bayern und Baden-Württemberg, aber nicht im Norden Deutschlands, aktuell arbeiten nur noch eine Handvoll Hüteschäfer in Schleswig-Holstein.

Also gab sich Anke Mückenheim mit einem Beruf eine Stufe unterhalb ihres Traumes zufrieden und unterschrieb einen Vertrag für eine Ausbildung zur Landwirtin. Bis sich dann völlig unerwartet doch noch die Möglichkeit zu einer Ausbildung als Schäferin auftat: Nur wenige Kilometer von ihrem Zuhause entfernt liegt das – inzwischen zum Weltkulturerbe erklärte – Danewerk, so heißen die Wallanlagen rund um die ehemalige Wikingersiedlung Haithabu. Diese Wallanlagen sind etwa zehn Kilometer lang und werden bis heute nicht mit einem Rasenmäher gepflegt, sondern von einer Herde Schafe, die denen der Wikinger ähneln. Zu Anke Mückenheims Ausbildungszeit wurde die Herde von einem Schäfermeister geführt, der auch ausbilden durfte.

Eine von Ankes ersten Aufgaben bestand darin, die Schafe festzuhalten, deren Schwänze ausgeschoren werden sollten. Das macht ein Schäfer, damit sich kein Ungeziefer in der verschmutzten Wolle rund um den Schwanz festsetzen kann. Anke nutzte die Gelegenheit, um ihrem Chef zu sagen, dass sie mehr könne als nur Schafe festhalten. Unter seinen kritischen Blicken stellte sich allerdings bald heraus: Sehr viel mehr war es nicht. Aber er konnte ihr alles beibringen, was zum guten Scheren dazugehört. Und er gab ihr einen Rat: „Schaff dir eine ordentliche Schermaschine an."

Schermaschinen sind keine Anschaffungen, die sich mal so eben realisieren lassen. Selbst Mitte der 80er Jahre, als Anke Mückenheim ihre Ausbildung machte, kostete eine Schermaschine bis zu 2.000 DM. Trotzdem. Anke verkaufte eines ihrer Pferde und schaffte sich ihre erste professionelle Schermaschine an. Die nahm sie mit nach Düren. Dort, am Nordrand der Eifel, hatte sie nach Abschluss der Ausbildung ihren ersten Arbeitsplatz als Hüteschäferin gefunden. Damals bekam sie es zum ersten

Anke Mückenheim führt das Scheren auch auf Ausstellungen vor, wie hier beim Unewatter Schaftag im Landschaftsmuseum Angeln. Neben ihr: Janine Bruser, Geschäftsführerin des Landesverbandes Schleswig-Holsteinischer Schaf- und Ziegenzüchter.

Mal mit dem Rauwolligen Pommerschen Landschaf zu tun.

Dieses genügsame, robuste Schaf kommt auch mit mageren Sandböden und nassen Weiden zurecht. Die Böcke werden bis 70, die Mutterschafe bis 55 Kilo schwer und mit einer Höhe von 70 bis 75 Zentimetern gehören sie zu den großrahmigen Rassen unter den Landschafen. Niemand weiß so genau, warum sie zu Beginn des 20. Jahrhunderts an Attraktivität für Schäfereien verloren. Nach dem Ersten Weltkrieg existierten nur noch zwei Stammherden. Heute sind die Bestände wieder gesichert und auf den Inseln in der Ostsee sind die Rauwolligen Pommerschen Landschafe inzwischen die Rasse, die am häufigsten zu sehen ist.

Aus Düren brachte sich Anke Mückenheim ihre eigene Herde an Rauwolligen Pommern mit nach Hause. Sie hatte ihren Meister gemacht und damit die Voraussetzungen für ihre Selbstständigkeit geschaffen. Fortan züchtete sie ihre eigenen Rauwolligen Pommerschen Landschafe. In dem Verband, der sich um die Züchtung von Skudden und Pommernschafen kümmert, übernahm sie Verantwortung als 1. Vorsitzende und obendrein ist sie die Herdbuchführerin, die über die Einhaltung der Zuchtregeln wacht.

Für Anke Mückenheim folgten viele glückliche Jahre. Ihre Kinder wurden geboren. Als Schäferin war sie erfolgreich, ihre Herde wuchs. Aber wie bei den meisten Menschen ist auch ihr Leben kein langer, ruhiger Fluss, sondern es gibt Stromschnellen, die alles kräftig durcheinanderwirbeln können. Ihre Beziehung zerbrach. Ihr Vater, der sie bei der Arbeit unterstützt hatte, starb. Aus Anke Mückenheims sanft fließendem Alltag wurde eine ununterbrochene Hetzjagd, um wenigstens das Allernotwendigste zu erledigen. Unterdessen wurde die Bugwelle an Unerledigtem, die sie vor sich herschob, immer höher. Während solche Lebensphasen für die meisten anderen Menschen nur bedeuten, dass sie wegen vergessener Rechnungen Mahngebühren zahlen müssen, waren es bei Anke Mückenheim die Schafe, die zu kurz kamen.

Normalerweise gehört es zu einer guten Weidehaltung, mindestens einmal täglich nach den Tieren zu sehen. Hat sich eines im Zaun verfangen und muss befreit werden? Hat sich eines auf den Rücken gedreht und muss wieder auf die Beine gestellt werden? Gibt es Verletzungen, humpelt ein Tier, ist ausreichend Wasser auf der Weide?

An einem heißen Frühjahrstag kulminierte die schwelende Krise. Anke Mückenheim war viel zu oft unterwegs gewesen, um die Schafe ihrer Kunden zu scheren. Es war gerade Hochsaison, die Schäfer verließen sich darauf, dass Anke zu ihnen kam, bevor es richtig warm wurde. Daheim gab es aber niemanden mehr, der sich derweil um die eigenen Schafe kümmern und ihr einen Gang über die Weiden hätte abnehmen können. Einer Nachbarin, die von ihrer

Wohnung auf Anke Mückenheims Weiden schauen konnte, fiel der schlechte Zustand einiger Tiere auf. Sie hätte mit Anke sprechen können, aber sie entschied sich für einen anderen Weg und informierte die Aufsichtsbehörde. Man schaute sich die Herde an, machte Anmerkungen und verfügte Auflagen, etwa zur besseren Versorgung der Tiere mit Wasser.

Doch es dauerte nicht lange, und Anke Mückenheim flog all das um die Ohren, was zuvor gerade noch gut gegangen war. Auf den allerletzten Drücker hatte sie es geschafft, für den Geburtstag ihres Sohnes einen Kuchen zu backen und gerade hatte sie sich mit ihren Kindern, Geschwistern und der Mutter an den langen Holztisch vorm Haus gesetzt, als ein Mitarbeiter des Ordnungsamtes am Gartentor erschien. Er hatte bei einem Kontrollbesuch auf ihren Weiden gesehen, dass nicht alle Auflagen eingehalten worden waren. Mit Schafen kannte sich der Mann nicht aus, er orientierte sich an seinen Vorschriften – die haben jedoch oft genug wenig mit der Praxis zu tun. Trotzdem. Mehr brauchte er nicht zu wissen, fand er, und weigerte sich, ein Schaf überhaupt nur anzufassen. Dabei kann man nur durch Augenschein nicht erkennen, wie es einem Schaf geht. Erst ein Griff auf den Rücken offenbart, wie es um seine Bemuskelung, seine Fleischauflage und damit um seinen Gesundheitszustand bestellt ist.

Anke blieb stumm. Sie hätte sich rechtfertigen können. Wollte sie das? In diesem Moment war gar nichts mehr gut und ihre Hoffnung, es doch noch alles zu schaffen, flog ihr um die Ohren. Was gab es da noch zu reden? Es ging ihr nicht um den Mann vom Ordnungsamt. Viel schlimmer wog: Ihre Schafe waren die Leidtragenden.

Das Ergebnis war ein Tierhaltungsverbot. Zwei Jahre darf Anke Mückenheim keine Tiere mehr halten. Ihre Herde hat sie verkaufen müssen. Seither ist es ruhig geworden. Viel zu ruhig. Anke vermisst ihre Schafe. Und sie schämt sich, schämt sich fürchterlich. Nicht wegen der Menschen, die von ihrem Tierhaltungsverbot erfahren, sondern wegen ihrer Tiere.

Schafe machen nicht auf sich aufmerksam, wenn es ihnen schlecht geht. Sie jammern nicht, sondern werden immer ruhiger, immer leiser, bis sie irgendwann verstummen. Und sterben. Sie machen es den Menschen leicht, über ihr Leid hinwegzusehen. Gerade deshalb brauchen Schafe von ihren Haltern viel Aufmerksamkeit.

Ankes Freunde werfen sich vor, dass sie nicht früher Hilfe angeboten und eingegriffen haben, und Anke nimmt es sich übel, dass sie zu stolz war, um sich beizeiten Hilfe zu holen.

Sie hat lange darüber nachgedacht, wie sie mit der Situation umgehen soll. Vielleicht hätte sie mit allerlei Ausreden das Tierhaltungsverbot geheim halten können. Aber das erschien ihr falsch. Denn auf diese Weise hätte sie ihr grundverkehrtes Verhalten aus den vergangenen Monaten doch nur fortgesetzt und die Probleme weitergetragen, immer weiter, bis zum nächsten Zusammenbruch, dem nächsten Burn Out.

Nein, die Zeit für Ausreden war vorüber. Sie beschloss, offen mit ihrer Situation umzugehen. Wer sie fragt, bekommt Antwort. Die Reaktionen ähneln sich. Erst kommt ein erstauntes „Oh!". Dann folgt ein Moment des Schweigens, danach oft eine Umarmung. Oder ein aufmunterndes Schulterklopfen.

Jeder Schäfer oder Züchter, der eine Herde hat, kennt den schmalen Grat zwischen einem wirtschaftlichen Arbeiten mit Schafen und einer Beeinträchtigung des Tierwohls. Die Margen sind nicht groß, der wirtschaftliche Druck ist hoch und ein Schäfer muss abwägen. Auf der einen Seite der Waage steht der Erhalt seines Betriebes, der manchmal schon seit Generationen besteht und auch weiter bestehen soll, für die Kinder und Enkel. Auf der anderen Seite der Waage steht jedes einzelne Schaf mit seinem

Mariechen ist nun auch geschoren und will von Menschen, auch solchen ohne Schermaschine, erst einmal nichts mehr wissen.

Wohlbefinden. Soll man den Tierarzt rufen oder noch ein paar Tage zuwarten? Kann man die Herde aufstallen, weil ein Wolf über die Weiden zieht, oder reicht dann das Winterfutter nicht und man muss zukaufen? Geld verdienen kann man nur mit gesunden Schafen. Schon aus dieser Notwendigkeit heraus geht es den Schafen großer Schäfereien oft besser als den Schafen eines in die Jahre kommenden Hobbyschäfers, der sich nicht mehr gut um seine Tiere kümmern kann. Aber trotzdem. Konflikte sind auch für die Gebrauchsschäfer vorprogrammiert. Kann man tatsächlich alle Vorschriften einhalten? Kaum ein Schäfer, der das nicht bezweifelt.

Anke Mückenheim weiß noch nicht, ob sie, wenn das Tierhaltungsverbot aufgehoben wird, wieder Schafe halten soll. Ob sie noch einmal die Verantwortung tragen kann. Ihr Respekt vor den Aufgaben einer Schäferin ist durch ihr augenfälliges Misslingen noch einmal gestiegen. Dabei sind es vermutlich genau diese Zweifel, die sie davor bewahren würden, die gleichen Fehler noch einmal zu begehen.

Mit dem Tierhaltungsverbot ist ihre Haupteinnahmequelle weggebrochen. Inzwischen hat sie eine Arbeit gefunden, mit der sie über die Runden kommt. Morgens steht sie nun in aller Herrgottsfrühe auf und fährt zu einem Bauernhof, auf dem Tag für Tag 150 Kühe gemolken werden müssen. Anke Mückenheim mag ihre neue Arbeit des Umgangs mit den Kühen wegen. „Tiere verurteilen einen nicht. Das hilft mir dabei, wieder heile zu werden."

Jeden Morgen fährt sie zum Melken. Danach bleibt ihr Zeit, zu den Hobbyschäfern zum Scheren zu fahren. Gelegentlich übernimmt sie auch Scheraufträge für größere Herden. Aber sie achtet sehr viel besser auf sich und ihre Kräfte.

An einem sonnigen Nachmittag sitzt sie mit ihrer Mutter und der Tochter an dem Holztisch vorm Haus, in der Hand eine Tasse Tee, vor sich einen Teller mit einem Marmeladenbrot. Das Tuckern des Rasenmähers bildet das Hintergrundgeräusch, ihr Sohn hat sich erbarmt. Plötzlich liegt der durchdringende Geruch frischer Minze in der Luft. „Oh je", sagt Ankes Mutter, „ich glaube, der Junge hat das Kräuterbeet erwischt." Anke schaut auf, sieht ihren Sohn, der mit Entschlossenheit und Schweißperlen auf der Stirn den Rasenmäher vorwärts schiebt. Und dann lächelt sie. Über ihren Sohn. Weil es uns Menschen möglich ist, anderen ihre Fehler zu verzeihen. Und vielleicht sogar uns selbst.

VOM WERT DER WOLLE

Vorbei sind die Zeiten, als eine Schäferei bis zu zehn Prozent ihres jährlichen Umsatzes mit Wolle erwirtschaften konnte. Noch bis zur Jahrtausendwende wurden bis zu 90 Prozent der deutschen Rohwollproduktion zu Teppichen verarbeitet. Heute haben immer raffiniertere Kunstfasern die Schafwolle vom Markt verdrängt, die riesigen Säcke mit den Schafvliesen liegen wie Blei in den Lagern der Händler. Nichts scheint den Preisverfall aufhalten zu können. Seit einiger Zeit übersteigt der Lohn, der einem Scherer für die Schur eines Schafes gezahlt wird – und das dauert bei einem erfahrenen Scherer nur wenige Minuten – den Betrag, der für die Rohwolle gezahlt wird. Einige Schäfer experimentieren deshalb bereits mit Dorper-Schafen, ursprünglich eine Kreuzung aus zwei Rassen. Dorper-Schafe sollen die Eigenschaften des anspruchslosen südafrikanischen Dorset Horn mit der bemerkenswerten Fleischleistung der Blackheaded Persian verbinden. Sie sind extrem anspruchslos, ertragen hohe und tiefe Temperaturen, und sie überleben auch mit schlechtem Futter. Aber ihre wichtigste Eigenschaft ist eine andere: Sie müssen nicht mehr geschoren werden. Im Sommer stoßen sie ihr Haarkleid ab. Und das wars. Für die Schäfer ist das sehr praktisch. Aber schön ist es nicht. Weil Schafe ohne Wolle einfach nicht so robust sein können, wie es das Klima in Schleswig-Holstein erfordert. Bei der Vorstellung, in Zukunft nur noch wolllose Schafe auf den Deichen zu sehen, wird deshalb nicht nur den Traditionalisten angst und bange.

Schafwolle hat viele wunderbare Eigenschaften. Sie ist ein nachwachsender Rohstoff und

Frauke Wechselberg

das sollte in einer Zeit, in der viele Menschen nachhaltig wirtschaften wollen, von einiger Bedeutung sein. Aber vor allem wirkt sie temperaturausgleichend, sie schützt vor Kälte ebenso wie vor Hitze. Walkjacken und -overalls aus Schafwolle sind wegen dieser Eigenschaften heute unter den Eltern von Babys und Kleinkindern stärker gefragt denn je. Außerdem lässt Wolle sich vom Schaf bis hin zum Pullover selbst verarbeiten. Kein Wunder also, dass sich jenseits der Wollindustrie, die scheinbar geschlossen auf die Produktion von Chemiefasern setzt, eine ziemlich rührige Gegenbewegung formiert, die den Wert der Schafwolle schätzt. Es sind Frauen und auch ein paar Männer, die die Vliese der Schafe verarbeiten, sie zu Handstrickgarnen verspinnen oder zu Textilien verweben. Auf Bundesebene sind viele von ihnen in der Handspinngilde organisiert, sie tauschen sich online aus oder kommen zu regelmäßigen Treffen zusammen.

Ähnlich wie das Vergrößerungsglas auf der ersten Seite der Comics das Dorf von Asterix und Obelix sichtbar macht, ließe sich auch ein Vergrößerungsglas im Norden Deutschlands auf das Dorf Wangels-Neutestorf in Ostholstein legen, um einen Ort sichtbar zu machen, an dem ebenfalls Widerstand geleistet wird. Nicht gegen die Römer, nein, sondern gegen das Verschwinden der Schafwolle. Denn dort lebt Frauke Wechselberg. Über die Bezeichnung als Doyenne des Handspinnens im Osten Schleswig-Holsteins würde sie sehr lachen. Obwohl sie nicht nur spinnt, strickt und webt und ihre eigenen Schafe hält, die sie auf ihre Wollqualität hin züchtet, sondern sogar bei der Geburt der Lämmer von einem Human-Gynäkologen unterstützt wird. Doch davon später mehr. Denn zunächst gilt es, die Überraschung beim Betreten des Wechselbergschen Hauses zu beschreiben.

Sämtliche Zweifel an der Bedeutung von Frauke Wechselberg für die Wollverarbeitung sind nämlich ausgeräumt, sobald ein Besucher ihren Flur betritt. Von der Haustür durch den Flur bis hinein ins Wohnzimmer zieht sich die lange Reihe ihrer Spinnräder. Sie sind groß, klein, gedrechselt, werden über die Spule oder über den Spinnflügel angetrieben, haben die zum Verzwirnen notwendige Lazy Kate oder haben sie nicht, und genauso ist es mit den Bremsen. „Spinnräder sind Herdentiere“, sagt Frauke Wechselberg und lächelt. Wie viele sie hat? Sind es 20 oder sogar 30? „Einige stehen nur hier, weil mein Mann sie reparieren soll“, sagt sie beschwichtigend. Eigentlich wollte sie mit dieser Erklärung ja ihre Sammelleidenschaft etwas abmildern, hat damit aber gleich das nächste Thema eröffnet. Denn auch im Reparieren von Spinnrädern haben sie und ihr Mann sich in den vergangenen Jahren einiges an Erfahrung angeeignet. Ja, Frauke Wechselberg mag Spinnräder. Aber noch viel mehr mag sie Wolle und das wird klar, wenn sie die Tür zu ihrem Arbeitszimmer öffnet.

Eigentlich müssten in dem Moment glitzernde Sternchen vom Himmel fallen und flirrende Scheinwerfer kreisen. Für jemanden, der gerne mit Wolle arbeitet, ist dieses Arbeitszimmer ein magisches Wunderland, und am liebsten möchte man sich wieder und wieder im Kreis drehen, um sich alles anzuschauen. Dominiert wird der Raum von einem riesigen Webstuhl, auf dem sich Tuchbreiten bis zu 120 Zentimeter weben lassen. Hier entstehen Decken und Möbelbezüge. Die größten Herrlichkeiten jedoch stapeln sich in den Regalen, die jeden Zentimeter der

Die „Eckernförderer“ sind eine Einrichtung mit tiergestützter Förderung, dort werden Schafe und Esel gehalten. Menschen mit Beeinträchtigungen verarbeiten die Wolle der Schafe zu kunsthandwerklichen Objekten.

Wände bedecken und sich sogar oberhalb des Türstocks entlangziehen. Dort lagert all die Wolle, die Frauke Wechselberg gesponnen, aber noch nicht verarbeitet hat. Ihre Wolle hat alle

Farben des Regenbogens, die sich mit natürlichen Färbemitteln herstellen lassen. Bunt wie ein Herbstlaubboden an einem sonnigen Tag ist die Wolle in der einen Ecke, in der anderen scheint das Meer im Farbverlauf eines ganzen Jahres präsent. Ein großer Bereich des Regalparadieses ist für Frauke Wechselbergs Neugier reserviert, hier lagert das Zubehör, mit dem sie experimentiert, wenn sie neue Materialien zum Färben oder Spinnen testen möchte.

Dieser so euphemistisch Arbeitszimmer genannte Raum ist eigentlich ein Atelier. Denn in diesem Raum wird haptisch und damit sinnlich erfahrbar, was es bedeutet, Textilkunst zu schaffen. Davon kann Frauke Wechselberg eine Menge erzählen und dazu setzt sie sich mit ihren Besuchern gerne in den hellen, offenen Wohn-Ess-Kochbereich. Während sie Kaffee kocht, kann sie vom Fenster auf ihre Herde sehen. Es sind Coburger Fuchsschafe, für die sie regelmäßig mit Preisen ausgezeichnet wird.

Der Weg, der Frauke Wechselberg und ihren Mann Carl nach Wangels und zu den Schafen führte, begann mit einer sehr lebhaften Patchworkfamilie mit sechs Kindern, die der Gynäkologe Carl Wechselberg und seine Frau Frauke gegründet hatten. Trotz der Kinder arbeitete Frauke Wechselberg gelegentlich in der Praxis

Natürlich lieben die Schafe ihren Geburtshelfer, den Human-Gynäkologen Dr. Carl Wechselberg. Aber hier hat er zusätzlich ein bisschen Kraftfutter in der Hand.

mit und dort lernte sie eine der Patientinnen kennen, eine alte Dame, die während des Zweiten Weltkriegs aus Ostpreußen hatte flüchten müssen. Sie verfügte über unglaubliches Wissen rund um die Führung eines großen Haushalts. Sie konnte und kannte Dinge, die in der Welt der späten 80er Jahre längst in Vergessenheit geraten waren. Sie konnte buttern, käsen, Geflügel schlachten und verarbeiten, sie wusste noch, wie auf Wiesen gebleicht wurde, sie konnte eine große Anzahl Gäste mit Grandezza bewirten und das in modernen Haushalten übliche 12-teilige Service schien ihr eher für Puppenstuben geeignet, da war sie ganz andere Mengen gewöhnt. Eine ihrer bemerkenswerten Fähigkeiten war das Spinnen und das brachte sie Frauke Wechselberg bei. Und siehe da: An dieser Beschäftigung fand ihre Schülerin große Freude. Aber wie sollte sie an die dafür notwendige Rohwolle kommen?

Damals lebte Frauke Wechselberg mit ihrer Familie in Buchholz in der Nordheide. Die Heidschnucken, das stellte sie rasch fest, schieden als Wolllieferanten aus. Denn ihre Wolle ist wie das Land, rau und ziemlich kratzig. Also hielt Frauke Wechselberg bei Ausflügen mit der Familie immer die Augen offen und suchte nach Schafherden anderer Rassen. Im Auto lagen bei diesen Ausflügen immer ein paar Päckchen Kaffee. „Mit so einem Päckchen gutem Kaffee in der Hand habe ich dann bei den Schäfern geklingelt und gefragt, ob sie mir ein Vlies überlassen könnten."

Sie lernte auf diese Weise die Wolle der verschiedenen Schafrassen kennen, und besonders gut gefiel ihr die Wolle der Coburger Fuchsschafe. „Als ich das erste Mal Coburger Füchse sah, wusste ich: Das sind meine Schafe", erinnert sie sich. „Ich mochte schon immer Tiere mit rotem Fell, vom Eichhörnchen über Kühe bis hin zu roten Katzen und Hunden."

Spinnend, strickend und webend vergingen die Jahre. Ihre Kinder wurden erwachsen und die Größeren zogen in alle Himmelsrichtungen davon. Carl Wechselberg beschloss, nicht bis zum Erreichen der Altersgrenze zu arbeiten, sondern seine Praxis schon ein paar Jahre früher aufzugeben. Das schuf die Möglichkeit für den großen Schritt in einen neuen, spannenden Lebensabschnitt. In welche Richtung der gehen sollte, wurde den beiden Wechselbergs schon bald klar. Denn seit Jahren verbrachten sie ihre Wochenenden als Dauercamper am Rosenfelder Strand. In dieser Region sollte es sein, ihr neues Zuhause. Sie träumten von einem Resthof mit einer Hausweide, gingen zu Besichtigungen, fanden nicht das Richtige und träumten mit zunehmenden Zweifeln weiter, bis ihnen eines Tages ein großes Grundstück in Neutestorf, einem Ortsteil von Wangels, angeboten wurde. Es war eine komplett abgesoffene Wiese, auf der die Kühe bis zu den Waden im Matsch standen. Das Gelände zog sich in einer sanften Steigung bis hinauf zum Waldrand.

Dieses Grundstück zu kaufen war keine vernünftige, aber eine sehr gute Entscheidung. Zuallererst wurde die Drainage freigemacht, damit das Wasser wieder abfließen konnte. Dann wurde die Bodenplatte ihres neuen Zuhauses gegossen und dann war Carl Wechselberg an der Reihe. Im Februar 2002 stellten sie ihren Wohnwagen auf ihr inzwischen trockengelegtes Grundstück, dort lebte Carl Wechselberg fortan und zusammen mit einem Bauhelfer baute er das Haus, ein Blockbohlenhaus, das quasi als Selbstbausatz geliefert wurde.

An den Wochenenden kam auch Frauke dazu, unter der Woche lebte sie zunächst mit dem jüngsten Sohn, der noch zur Schule ging, in Buchholz. In ihrer Vorfreude auf das Kommende hatte Frauke Wechselberg einen weiteren beherzten Schritt in ihre Zukunft getan und sich von einer Züchterin ein Fuchsschaf mit einem weiblichen Lamm gekauft. Die beiden Schafe standen zunächst auf dem Hof von Frauke Wechselbergs Schwester, acht Kilometer von

Durchs Filzen kann die Rückseite eines geschorenen Vlieses so verstärkt werden, dass ein Fell entsteht, für das kein Schaf seine Haut hergeben muss. Diese Sitzfelle stammen von Katja Jurzig.

der Baustelle entfernt. Im Herbst kam ein Bock dazu, der Grundstock für die eigene Herde war gelegt, auch wenn diese Herde noch aushäusig überwintern musste.

Im Laufe des Jahres 2003 war es dann soweit: Mensch und Tier konnten einziehen und machten es sich so richtig gemütlich. Der Schafstall, natürlich auch selbst gebaut, bietet all die Finessen, die sich Schafe nur wünschen können. Dort halten sich die Tiere aber nur bei sehr strengem Frost und zum Lammen auf. Beim Lammen werden sie fachmännisch betreut von Carl Wechselberg. Er ist seit Studentenzeiten von der Geburtshilfe fasziniert und heute glücklich, dass er als Pensionär bei den Schafen machen kann, was ihn schon bei den Menschen begeisterte: Neues Leben auf die Welt bringen. „Die Schafe, die zum ersten Mal lammen, wissen gar nicht, wie ihnen geschieht. Die sind sehr dankbar, wenn ihnen geholfen wird“, sagt er.

52 Schafe stehen derzeit auf ihren Weiden, darunter sind 20 Lämmer. Es sind etwas weniger als in den vergangenen Jahren, denn auch die Wechselbergs werden langsam älter, sagen sie. Frauke Wechselberg ist heute 69, ihr Mann 77 Jahre alt. Anzusehen ist es ihnen nicht.

Im Laufe der Jahre hat sich Frauke Wechselberg zu einer angesehenen Züchterin entwickelt, die ganz gegen den Trend ihre Tiere auf die Qualität der Wolle hin züchtet. „Jeder Züchter entwickelt seine eigene Linie, seine eigenen Vorlieben. Das leuchtet ein, nicht wahr?“ Das Goldene Vlies, das die Argonauten in der griechischen Mythologie mit Hilfe von Medea raubten, stammte sicher von einem Coburger Fuchsschaf, davon sind echte Fans der Rasse überzeugt.

Bis heute wird auf Leistungsschauen immer auch ein Wollsieger gekürt. Das hat zum einen pragmatische Gründe, denn die Schafe brauchen ihre Wolle, um auf der Weide vor winterlichen Temperaturen geschützt zu sein. Und es gehört nun mal zur Tradition, war doch die Qualität der Wolle lange eine wichtige Einnahmequelle. Die Tiere, die Frauke Wechselberg den Fachkommissionen vorstellt, werden regelmäßig mit ersten Preisen für ihre Wollqualität ausgezeichnet. Die große Aufmerksamkeit, die sie der Wollqualität ihrer Schafe schenkt, zahlt sich aus. Denn sie muss die Wolle ihrer Tiere nicht für einen unrentablen Preis verschleudern. Ein regionaler Teppichhersteller verarbeitet die Wolle ihrer Coburger Fuchsschafe zu ungewöhnlichen, mehr noch: ungewöhnlich schönen Teppichen, die in den Onlineshops von Grüne Erde und Hess natur angeboten werden. Für die gute Qualität der Wolle zahlt er einen kontinuierlich guten Preis, der zwanzig Mal so hoch ist wie der aktuelle Marktpreis. Die Zusammenarbeit dieses Teppichherstellers mit seinen Lieferanten erzählt nicht nur von einem regionalen Produkt, sondern auch von einer anderen Art des Wirtschaftens. Ein Unternehmen, das sich Regionalität auf die Fahnen schreibt, kommt nicht weit, wenn es auf die schnelle Mitnahme von tagesaktuellen Preisvorteilen setzt, sondern es braucht langjährige, vertrauensvolle Beziehungen zu seinen Lieferanten.

Einen großen Teil ihrer Schafsvliese verarbeitet Frauke Wechselberg selbst, diese Arbeiten begleiten sie durch den ganzen Sommer. Zunächst müssen die Schafe ihr Vlies hergeben. Frauke Wechselbergs Schafe werden zeitig geschoren, meist schon im April oder Mai. „Wir gehen mit unseren Schafen im Sommer häufig auf Ausstellungen, dann sollen sie ja gut aussehen."

Während der Scherer ihre Schafe schert, steht Frauke Wechselberg daneben und zupft oder vielmehr reißt die Teile der Vliese ab, die für eine Weiterverarbeitung nicht geeignet sind, weil sie allzu verfilzt oder rund um den Po einfach zu verschmutzt sind. Mit diesem Teil der Wolle können Gemüse oder Blumen gemulcht werden. Schnecken können nicht über die Wolle kriechen und gedüngt wird der Boden durch diesen Mulch auch noch.

Im ersten Arbeitsschritt sortiert Frauke Wechselberg die Vliese: Welche sind zum Handspinnen geeignet und welche können zu Teppichen weiterverarbeitet werden? Die Vliese, die sie behält, müssen erst einmal gewaschen werden, eines nach dem anderen. Dazu benutzt Frauke Wechselberg die großen, schwarzen Maurerbütten. In denen lässt sie das Wasser erst einmal eine Weile stehen. Durch die Sonne, die auf die schwarzen Wannen scheint, erwärmt sich das Wasser und schafft damit gute Voraussetzungen, um die Schafvliese gründlich zu säubern.

Schafwolle verträgt höhere Temperaturen, sehr empfindlich reagieren die Vliese nur auf große Unterschiede der Wassertemperatur. Aber vor allem reagieren sie extrem empfindlich darauf, wenn sie im Wasser bewegt werden. Werden sie geknetet oder gerieben, verfilzen sie – und sind nicht mehr zu retten. Deshalb werden die Schafvliese sehr vorsichtig ins warme Wasser getaucht und ebenso vorsichtig mit gespreizten Fingern aus dem Wasser geholt. Frauke Wechselberg reinigt die Vliese mit zwei Waschgängen, denen sie ein Wollwaschmittel zufügt, und zwei Spülgängen. Wenn beim letzten Spülgang die Hände, die das Vlies auf den Boden der Wanne drücken, noch gut sichtbar sind, so sagt die Faustregel, ist das Vlies sauber genug zur weiteren Verarbeitung.

Nach dem letzten Spülgang steckt Frauke Wechselberg die gewaschene Rohwolle in einen Wäschesack und schleudert sie bei einer moderaten Umdrehungszahl in der Waschmaschine. Danach muss die Wolle nur noch trocknen.

Es gibt Spinnerinnen, die arbeiten aus der Flocke, wie die Rohwolle im gewaschenen und getrockneten Zustand genannt wird, aber das ist mühsam und setzt einige Erfahrung voraus. Gleichmäßiger und schöner wird der Faden, wenn die Wolle zuvor kardiert wurde. Das kann man bei kleineren Mengen gut mit der Handkarde erledigen. Dabei werden zwei breite Spezialbürsten gegeneinander bewegt, immer wieder, bis ein glatter Auszug entsteht, der versponnen werden kann.

Wer größere Mengen zu kardieren hat oder verschiedene Wollarten und Farben miteinander mischen möchte, kann sich eine Trommelkarde anschaffen. Damit kann mit ein paar Umdrehungen und ohne große Mühe in jeweils rund 40 Gramm wiegenden Chargen kardiert werden. Bei richtig großen Mengen lohnt es sich, die Wolle zu einem Lohnkardierer zu schicken. Davon gibt es einige, Frauke Wechselberg hat gute Erfahrungen mit der Wollkämmerei Godosar in Mittelhessen gesammelt. Die Wolle, die sie verarbeiten, muss weitgehend fettfrei sein, weil sie natürlich kein Interesse haben, ihre Maschinenkarde durch das Lanolin verkleben zu lassen. Die Kardiermaschine der Familie Godosar hat die Größe eines durchschnittlichen Mittelklassewagens und ähnelt ein wenig den Heißmangeln, wie sie in Großwäschereien eingesetzt werden. Wenn die kardierte Wolle aus Nordhessen zurückkommt, ist sie perfekt vorbereitet zur weiteren Verarbeitung.

Das Fell der Coburger Füchse wird im Laufe ihres Lebens immer heller.

Beispielsweise am Spinnrad. Und weil nicht nur Spinnräder Herdentiere sind, sondern auch die Spinnerinnen gerne miteinander zu tun haben, sitzt Frauke Wechselberg des Abends nicht immer alleine am Spinnrad, sondern lädt einmal in der Woche, montags, alle Interessierten zu einem Spinnkreis ein. Seit über zehn Jahren gibt es diesen Spinnkreis. Zwischen fünf und fünfzehn Frauen kommen regelmäßig zusammen, nur gelegentlich verirrt sich ein Mann dorthin, und dann sitzen sie alle in Frauke Wechselbergs Wohnzimmer. Neulinge haben die Möglichkeit, sich das Spinnen beibringen zu lassen und vor allen Dingen können sie verschiedene Spinnräder ausprobieren, bevor sie sich entschließen, ein eigenes Spinnrad zu kaufen. Die Teilnahme am Spinnkreis von Frauke Wechselberg ist kostenlos und wer mag, kann die zum Spinnen aufbereitete Wolle der Coburger Fuchsschafe bei ihr kaufen. Diese Wolle lagert im Untergeschoss des Hauses, einem zweiten Raum, der ganz und gar der Schafwolle dient. In großen Papiersäcken stehen hier die gewaschenen Vliese, die noch zum Kardieren verschickt werden müssen, aber auch die bereits kardierte Wolle, die darauf wartet, auf einem der vielen Spinnräder verarbeitet zu werden.

Die Geschichte über Frauke Wechselberg, ihren Mann Carl und ihre Coburger Fuchsschafe kommt hier an ihr Ende, aber die Geschichte über die Nutzung der Schafwolle ist damit noch längst nicht zu Ende erzählt. Denn auch die Eigenschaft zu verfilzen, die beim Waschen der Vliese sehr viel Sorgfalt verlangt, öffnet kreativen Menschen eine Reihe von Möglichkeiten. Schafwolle lässt sich mit Seife und Nadeln verfilzen. Daraus lassen sich fantasievolle Produkte schaffen, die von hübschen Dekorationen bis zu Schafsfellen reichen, für die kein Schaf seine Haut hergeben muss.

WAS FÜR EIN KÄSE! ZU BESUCH BEI MALTE SOLTERBECK IN OWSCHLAG-SORGWOHLD

Alles ist weiß. Wände und Böden sind weiß gefliest, die Behälter sind aus weißem Kunststoff, alle Tücher sind weiß, die Kopfbedeckungen auch. Während draußen der Sommer die Natur in besonders kräftigen Farben malt, wirkt sogar Malte Solterbeck ein bisschen blass, wie er da in den Räumen seiner Käserei steht. Das mag an all dem Weiß um ihn herum liegen. Oder daran, dass der 23. August – er schlägt es in seinem dicken Buch nach – bereits der 140. Tag ist, an dem er in diesem Jahr Käse macht.

Auf rund 200 Käsetage kommt er im Jahr, und die liegen fast alle im Frühjahr und Sommer, wenn das Gras kräftig ist und seine Schafe reichlich Milch geben. In den Herbst- und Wintermonaten sind sie trächtig, und trächtige Schafe haben keine Milch, es kann nicht gekäst werden und dann hat auch Malte Solterbeck Zeit für einen Urlaub.

Seinen Besuchern schüttelt er die Hand, schließlich ist Malte Solterbeck ein höflicher Mensch, aber gleich anschließend macht er klare Ansagen. Keiner darf mit Straßenschuhen in seinen Betrieb, deshalb stattet er seine Besucher mit speziellen Schuhen und einer Schutzhaube aus. Und dann müssen sie sich erst einmal die Hände waschen. Gründlich. Danach geht er selbst zum Handwaschbecken. Seine Hände zu waschen und zu desinfizieren gehört für ihn einfach dazu, er wäscht sie mit der Präzision und Gründlichkeit eines Chirurgen, auch zwischen den Fingern und weit die Unterarme hinauf. Der Grund dafür sind die Bakterien, die sich überall tummeln. Einige von ihnen sorgen dafür, dass der Käse schmeckt. Andere würden die Milch in eine übelriechende, ungenießbare Masse verwandeln. Der einzige Weg, das zu verhindern, besteht in der größtmöglichen Hygiene.

Käse herzustellen, zu käsen, ist ein Handwerk für Menschen mit großer Affinität zur Sorgfalt. Jeder Handgriff muss durchdacht sein, alle Mengen müssen genau abgemessen werden. So eben mal locker aus dem Handgelenk geschüttelt geht beim Käsen gar nichts.

Malte Solterbeck führt über jeden Handgriff Buch. Er trägt ein, welchen Käse er an welchem Tag herstellt, bei welcher Temperatur er arbeitet, innen wie außen, wie viel Lab und Milchsäurebakterien er zufügt, wie viel Rohkäse er aus wie vielen Litern Milch mit welchem Fettgehalt machen konnte. Das hilft ihm dabei, seinen Käse mit gleichbleibender Qualität und gleichbleibendem Geschmack herzustellen und das erwartet der Großhandel von ihm.

In einem Edelstahlbottich, der ihm bis zur Brust reicht, steht die Milch der letzten 24 Stunden. Rund 65 Liter sind beim Melken am vorigen Abend und beim Melken am Morgen zusammengekommen. Daraus soll ein Camembert mit dem schönen Namen Cam-mäh werden. Also gießt Malte Solterbeck aus einem großen Messbecher eine genau berechnete Menge Milchsäurebakterien dazu. Danach

Malte Solterbecks Schafe verbringen den Tag auf der Weide und die Nacht im Stall.

Malte Solterbecks Schwester Antje hat Ausbildungen zur Landwirtin und Milchtechnologin.

stellt er einen Küchenwecker auf 45 Minuten ein – und hat erst einmal Pause, während die Bakterien den Zucker in der Milch zu einer Säure umwandeln, die das Eiweiß der Milch gerinnen lässt.

Die Milchgerinnung lässt sich nicht nur mit Milchsäurebakterien, sondern auch mit Lab erreichen. Lab ist ein Enzym, das in seiner natürlichen Form in den Mägen von Wiederkäuern zu finden ist. Dort, im Labmagen, sorgt es für die Verdauung. Der Labmagen ist der vierte Magen von Wiederkäuern - der einzige, der mit Drüsen bestückt ist, die Lab produzieren. In der Milch bildet das Lab Kalziumbrücken zwischen den Eiweißen aus, dadurch denaturiert das Eiweiß und wird fest.

Ob Milchsäurebakterien oder Lab verwendet werden, ist eine Frage des Geschmacks – des Käsegeschmacks. Weil Milchsäure zur Gerinnung den Zucker umwandelt, schmeckt der so gewonnene Käse ziemlich sauer. Das ist der erwünschte Geschmack beispielsweise bei Frischkäse. Schnittkäse dagegen sollte nicht zu sauer schmecken, er hat einen höheren Anteil an Labgerinnung. Die Kunst des Käsers besteht darin, die beiden Gerinnungsarten auf eine Weise zu kombinieren, durch die sich ein guter, schmackhafter Käse herstellen lässt. Zu dieser Kunst gehört auch die Entscheidung darüber, wie lang die Wirkzeit des Labs oder der Milchsäurebakterien sein sollte, mit denen die Gerinnung in Gang gesetzt wird.

Nach einer Dreiviertelstunde schrillt der Wecker. Malte Solterbeck gießt nun das Lab zu der Milchmasse. Bis es seine Wirkung getan hat, kann er die Zeit zum Putzen nutzen. Denn alles, was mit dem werdenden Käse in Berührung kommt, muss gründlich sauber sein. Die Tücher zum Abdecken und die Formen für den Käse werden in einen Bottich mit Superstoffperoxyd gelegt und damit keimfrei gereinigt, aber vor allem werden sie mehrfach unter fließendem Wasser gespült.

Als der Küchenwecker zum zweiten Mal klingelt, ist der sogenannte Käsebruch entstanden. Eine kompakte Masse, die in einer hellgelben, klaren Brühe schwimmt. Fürs Erste ist Malte Solterbeck mit dem Ergebnis zufrieden. Bevor er mit dem Schneiden des Bruchs beginnt, lässt er einige Liter Wasser über einen Schlauch in den Kessel laufen. „Sonst würden sich die Bruchstücke gegenseitig verreiben und viel zu klein werden", erklärt er und beugt sich dann tief über den Kessel, um mit einem Messer durch die kompakte, geronnene Milchmasse zu schneiden. Immer im gleichen Abstand von einem bis anderthalb Zentimetern zieht er das Messer erst in die eine Richtung, dann im rechten Winkel dazu in der anderen Richtung durch die Bruchmasse. Entstanden sind auf diese Weise schmale, lange Stifte, die vertikal im Bottich stehen, und von denen an der Oberfläche nur kleine Quadrate zu sehen sind. Das gewünschte Ergebnis sieht jedoch ganz anders aus. Deshalb greift Malte Solterbeck zu einem Palettenmesser und schneidet nun schräg durch die Bruchmasse. Danach ist der Kessel gefüllt mit vielen kleinen Stückchen, aber auch das genügt Malte Solterbeck noch nicht. Er fischt die zu groß geratenen Würfel aus der Masse heraus und schneidet sie klein. Auf der Suche nach ihnen rührt er die geschnittene Bruchmasse immer wieder um, richtig pingelig ist er bei seiner Suche, denn nur aus einem ordentlich zerkleinerten Bruch wird eine kompakte Käsemasse entstehen. Mit einem Schulterzucken die ein wenig zu groß geratenen Würfel in der Molke liegen zu lassen, das gibt es bei Malte Solterbeck nicht, das ist nicht seine Art, und deshalb dauert es lange, bis er keine Würfel mehr findet, die er noch zerkleinern muss.

Dann ist es soweit. Die Bruchmasse kann zu Camemberts werden. Die Formen, die er dazu braucht, sind löchrige Gebilde und sehr viel größer, als es der Camembert später sein wird. Während der Wartephasen hat er die Formen

Wieder und wieder rührt Malte Solterbeck die geschnittene Bruchmasse auf der Suche nach zu groß geratenen Stücken um.

auf einem großen Edelstahltisch aufgebaut. Dieser Tisch hat einen Rand, ein paar Zentimeter hoch, und einen Abfluss. Darunter schiebt Malte Solterbeck einen Bottich, um die Molke aufzufangen. In den ersten Stunden nach dem Abgießen schmeckt die Molke noch süß, aber weil Enzyme und Bakterien weiterwirken, verändert sich der Geschmack. Nach nur einem Tag schmeckt die Molke säuerlich. Und darauf fahren seine Schafe total ab. Was für ältere Damen der Eierlikör, ist für Malte Solterbecks Schafe die Sauermolke. Wenn er sie in die Tränke auf der Weide schüttet, kommen die Schafe hastig angerannt, jede will die Erste sein. Und das Gute, das in der Molke steckt, kommt so der nächsten Milch und damit auch dem nächsten Käse zugute.

Doch die Molke ist nur ein Nebenprodukt bei der Herstellung von Käse. Wichtiger als die Molke ist der fein geschnittene Bruch. Den schöpft Malte Solterbeck mit einem großen Becher aus dem Kessel und schüttet dann Bruch und Molke in die Käseformen hinein. Eine nach der anderen füllt er, baut eine zweite und eine dritte Lage. Zum Schluss füllt er noch ein paar größere Formen. „Die sind für die Verkaufstheken der Biomärkte."

Es dauert eine ganze Weile, bis der Kessel geleert ist. Die Arbeit des Tages ist damit größtenteils erledigt. Malte Solterbeck muss die werdenden Camemberts nur noch aus ihren Formen klopfen und sie in einen speziellen Reiferaum bringen. Darin stehen schon die in den Tagen und Wochen zuvor hergestellten Camemberts und reifen. Der frische Käsebruch wird sich rasch verändern. Schon nach wenigen Stunden überzieht ein zarter, weißer Flaum die gestauchte Bruchmasse, die unterdessen weiter an Feuchtigkeit verliert, während die äußere Edelschimmelschicht stärker wird. Nach vier bis sechs Wochen kann der Camembert abgepackt und ausgeliefert werden. Oft hat er dann noch einen weißen Kern, ist noch nicht komplett durchgereift, aber es gibt Kunden, die auch das schätzen. Die perfekte Reife, findet Malte Solterbeck, hat sein Camembert kurz vor dem Erreichen des Mindesthaltbarkeitsdatums.

In seiner Käserei stellt er jedoch nicht nur Camembert, sondern auch andere Käsesorten her. Eine seiner Spezialitäten ist ein Schnittkäse, bei dessen Produktion er sich an den traditionellen Höhlenkäsen orientiert. Sein „Junger Hirte" ist acht bis zwölf Wochen gereift, der „Alte Hirte" sogar mindestens ein Jahr. Im Unterschied zum Camembert ist der Anteil der Labgerinnung beim Schnittkäse höher, dadurch wird er sehr harmonisch im Geschmack. Auf dem geformten Bruch siedeln rotschimmelige Bakterien, sie bilden eine Rinde, die den Käse innerhalb der Rinde frisch hält und ihm seine Reifung ermöglicht. Damit sich keine anderen Bakterien oder Pilze ansiedeln, wird jeder der reifenden Käse täglich mit einer Salzlauge abgewaschen. Das Salz entzieht der Rinde das Wasser, das die meisten Bakterien für ihr Wachstum brauchen, und verfestigt damit auch die Rinde, die immer dicker wird. Malte Solterbeck dreht den Käselaib, bis er ihn mit einem Tuch, das er in den Bottich mit Salzlauge taucht, von allen Seiten abgewaschen hat. Mit dieser Arbeit beginnt er seinen Tag und plant währenddessen die Aufgaben, die im Laufe des Tages zu erledigen sind.

Mindestens einen Monat dauert es, bis ein Schnittkäse verkauft werden kann. Seine Reifung ist aber auch dann noch nicht beendet. Geschmack und Konsistenz verändern sich, der Käse wird würziger und cremiger im Geschmack, fester in der Konsistenz, bis er dann an der Käsetheke eines Bioladens angeschnitten wird.

Über die Ausstattung des Reiferaums für seinen Schnittkäse hat Malte Solterbeck mit der Lebensmittelaufsicht seines Kreises lange diskutieren müssen. Denn die Vorschriften sind eindeutig. Dort, wo Lebensmittel verarbeitet und gelagert werden, gehören Fliesen an die Wände. Aber die schaffen nun keineswegs das Raumklima, wie es für die Reifung von Käse optimal wäre. Nach ersten Versuchen mit gefliesten Reifungsräumen hat sich Malte Solterbeck für seinen Schnittkäse den perfekten Raum geschaffen und davon zu guter Letzt auch die Lebensmittelaufsicht überzeugen können. Die Wände bestehen aus Kalksandsteinplatten, das garantiert unabhängig vom Wetter und der

Wärme draußen eine gleichmäßige Temperatur und Feuchtigkeit im Reiferaum. „Außerdem verhindert der Kalk, dass sich Schimmel bildet.“ Er ist schon ein bisschen stolz auf seinen sehr besonderen Reiferaum. Weil darin die Qualität entstehen kann, die er erreichen möchte.

Die dritte Käsesorte, die Malte Solterbeck herstellt, ist ein Feta aus Schafsmilch. Der lange lagerbare Feta füllt die Lücke, die die Trächtigkeit der Schafe für die Käseproduktion bedeutet. Beim Feta ist es besonders wichtig, auf den perfekt ausgewogenen Anteil zwischen Milchsäure und Lab zu achten. Enthält er zu viel Milchsäure, schmeckt er säuerlich. Enthält er zu viel Lab, schmeckt er, wie Malte Solterbeck es nennt, „gruftig“, als habe man ihn in einem feuchten Keller gelagert und auch das ist kein Geschmack, den die Verbraucher schätzen.

Aber wenn diese Hürden genommen sind, ist eigentlich schon alles gut. Denn der Feta wird gesalzen, das beendet seine Reifung. Salz sorgt außerdem dafür, dass Feta lange gelagert werden kann. Der letzte „Schafsmilchkäse gesalzen nach südeuropäischem Vorbild“ von Malte Solterbeck kommt erst im Dezember in den Handel.

Dann stehen seine Schafe längst trocken, wie es der Fachmann nennt, und sehen der Geburt ihrer Lämmer entgegen, die im Januar zu erwarten ist. Im Laufe des Jahres ist ihre Milchproduktion zurückgegangen. Schafe können nicht durchgemolken werden. Erst, wenn sie wieder gelammt haben, geben sie auch wieder Milch. Einige der neugeborenen weiblichen Lämmer werden Malte Solterbecks Herde verstärken, die meisten Lämmer jedoch gehen an einen Mastbetrieb, der sie zur Schlachtreife bringen wird.

Malte Solterbecks Herde besteht aus etwa 200 Ostfriesischen Milchschafen, einer heimischen Schafrasse, und das ist Malte Solterbeck besonders wichtig. Obwohl er manchmal etwas neidisch nach Frankreich schaut. Denn die Milchleistung der Ostfriesischen Milchschafe hat sich in den vergangenen 10, 15 Jahren kaum verändert, die Erforschung und Steigerung ihrer Leistungsfähigkeit steht nicht gerade im Fokus der Aufmerksamkeit von Wissenschaft und Züchtung. Anders als in Frankreich, wo die Milchleistung der bevorzugten Rasse der Lacaune-Schafe

Die Formen für den Camembert „Cam-mäh“ sind bedeutend größer, als es der Camembert später sein wird. Erst durch den Verlust von Feuchtigkeit und die Besiedlung mit Pilzen wird aus der Bruchmasse ein Camembert.

gesteigert werden konnte. Aber ist diese Entwicklung wirklich uneingeschränkt wünschenswert?

Das Hauptaugenmerk der Milcherzeuger liegt auf den Kühen, ihre Züchtung ähnelt dem Zusammenschütteln eines Cocktails. Kühe sind heute Hochleistungstiere, die Leistungssportler unter den Nutztieren, und sie sind anspruchsvoll in ihren Anforderungen. Trotzdem scheinen sie weitgehend von den Produktionsbedingungen vereinnahmt worden zu sein. Das ist bei Malte Solterbecks Schafen definitiv nicht der Fall. Sie sind anspruchsvoll, aber auch robuster. Auch sie müssen regelmäßig gemolken werden, feste Melkzeiten schonen die Euter der Schafe. Doch anders als Kühe müssen sie nicht pünktlich alle zwölf Stunden gemolken werden, sondern kommen ziemlich gut mit einer nächtlichen Melkpause von 14 Stunden zurecht. Bei Solterbecks werden sie morgens um 6.30 Uhr zum ersten Mal gemolken. Von dem Schafstall, in dem sie die Nacht verbringen, werden sie die kurze Strecke hinüber zu einem anderen Stall getrieben, der direkt an die Melkanlage grenzt. Dort sorgen fest verankerte Gatter dafür, dass kein Gedränge entsteht. Und dann kann es losgehen. Zwölf Schafe werden pro Durchgang gemolken, je sechs stehen rechts und links etwas erhöht oberhalb des Gangs, in dem die Melkerinnen und Melker stehen. Erst wird das Euter gereinigt, dann wird die Melkmaschine an die ersten sechs Schafe gehängt. Zwei Zitzen hat das Schaf, darauf ist die Melkmaschine ausgelegt, die Melkbecher sind kleiner als bei einer Melkmaschine für Kühe. Damit die Milch fließt, müssen die Melker die Schafeuter massieren. Anders als bei der Kuh, da genügt es, sie von Hand anzumelken. Schafe brauchen während des gesamten Melkvorgangs die dem Stoßen des Lämmermauls nachempfundenen Handgriffe.

Malte Solterbeck lässt seine Schafe zwei Mal im Jahr scheren. „Sonst ist die Gefahr zu groß, dass sie schwitzen. Und dann geben sie nicht mehr so gut Milch." Unabhängig vom Ertrag ist es ihm wichtig, dass es seinen Schafen gutgeht. Weil sich das für ihn richtig anfühlt. Und weil für ihn die Zertifizierung als Biobetrieb mehr bedeutet als nur der Verzicht auf chemische Zusatzstoffe.

Wie es in den großen Meiereien zugeht, hat Malte Solterbecks Schwester Antje erlebt. Nach der Schule machte sie zunächst eine Ausbildung zur Landwirtin und stellte dabei fest, dass ihr die Verarbeitung der Milch sehr viel mehr Freude bereitete als das Treckerfahren. Deshalb schloss sie nach ihrem Abschluss als Landwirtin noch eine Ausbildung zur Milchtechnologin in einer großen Molkerei an und erlebte dort, wie der Käse hergestellt wird, der geschnitten in den Kühlregalen der Discounter landet. Rund 50.000 Liter Milch werden in ihrem Ausbildungsbetrieb täglich verkäst. Die Bestandteile der Milch werden je nach gewünschtem Käse wie in einem Kochrezept zusammengemischt. Nur so kann ein Käse entstehen, der immer den gleichen Fettgehalt hat und immer gleich schmeckt. Aber auch das geht nicht vollautomatisch. „Antje hat viel Fachwissen bei uns eingebracht", findet Malte Solterbeck.

Heute arbeitet Antje schon längst nicht mehr in der Großmolkerei. Sie hat ihre eigene Familie gegründet und hilft ihrem Bruder, wo immer ihre Hilfe gebraucht wird. Mit dicken Gummistiefeln steht sie im Melkstand und massiert beidhändig konzentriert zwei Schafeuter. Sie hat keine Zeit aufzuschauen, aber lächeln muss sie doch, als sie das Lob ihres Bruders hört.

Nach dem Melken werden die Schafe auf die Weide getrieben, dafür müssen sie die Kreisstraße überqueren. Ein Mitarbeiter begleitet die Schafe auf diesem Weg, es dauert eine Weile, bis alle über die Straße gezogen sind. Die Einheimischen haben sich daran gewöhnt, die Schafherde ist für sie nichts anderes als andernorts eine sich schließende Bahnschranke. Ortsfremde reagieren manchmal überrascht. Touristen sind meist entzückt und fotografieren. Nur sehr gelegentlich trifft die Herde auf Menschen, die kein Verständnis zeigen und denen der Hirte klarmachen muss, dass es nicht möglich ist, die Herde zu trennen, um ihnen mal eben das Weiterfahren zu ermöglichen.

Malte Solterbecks Schafe sind sehr auf die Menschen bezogen, mit denen sie täglich zu tun haben. Deshalb kann seine Herde ohne Hütehund auf die Weide getrieben werden. Wobei der Begriff des Treibens schon in die Irre führt. Denn die älteren Schafe folgen dem Menschen, der sie anführt und die jüngeren Schafe, die das alles noch nicht so gut kennen, folgen ihrem Herdentrieb und damit den anderen Tieren.

Auf der Weide fressen die Schafe den lieben, langen Tag Gras, bis es am Nachmittag zurück auf den Hof geht. Um 16.30 Uhr findet das zweite Melken statt. Dabei wird die Milch über ein Schlauchsystem in einen Tank gepumpt. Auch beim Melken ist es wichtig, sehr sorgfältig und sehr hygienisch zu arbeiten. Nur so lässt sich einem Vorurteil über Schafsmilch selbstbewusst gegenübertreten: „Schafsmilch schmeckt und riecht nicht nach Schaf", weiß Malte Sol-

Wenn der „Cam-mäh" verpackt und verkauft werden kann, hat er meist noch einen weißen Kern. Malte Solterbeck schmeckt sein Camembert kurz vor Erreichen des Mindesthaltbarkeitsdatums am besten.

terbeck. „Eine Schafsmilch, die nur nach Milch riecht und schmeckt, ist ein Qualitätskriterium.“ Über diese Qualität entscheidet das Melken. Ähnlich wie Kuhmilch nimmt auch Schafsmilch die Gerüche ihrer Umgebung auf, des höheren Fettgehaltes wegen geht das bei Schafsmilch sogar besonders rasch. Wer jemals eine unverpackte Zwiebel in der Nähe einer offenen Milchtüte lagerte, weiß genau, wie sorgfältig Malte Solterbeck arbeiten muss. Solange die Milch in offene Eimer gemolken wurde, dauerte es kaum so lange wie das Melken eines einzigen Schafes, bis die Milch den Geruch des Schafstalles angenommen hatte. Selbst wer diesen Geruch nicht abstoßend findet, empfindet den Geschmack auf der Zunge als wenig angenehm. Aber bei der Arbeit mit der Melkmaschine und vor allem dann, wenn sauber gearbeitet wird, behält die Schafsmilch ihren sanften, klaren Geschmack.

Schafsmilch ist gesund und wird von vielen Kunden geschätzt, auch weil Kuhmilchallergien immer häufiger auftreten. Sie hat einen hohen Eiweißgehalt, doppelt so hoch wie bei der Milch von Kühen. Mit rund 100 Kalorien pro 100 Milliliter ist Schafmilch sehr nahrhaft. Der Fettgehalt ist höher als bei der Kuh, fällt jedoch im Laufe des Jahres unterschiedlich aus und ist abhängig von dem Futter, das die Schafe zu sich nehmen. Wenn im Frühjahr die ersten Gräser sprießen und weniger Heu zugefüttert werden muss, liegt er bei rund 5,5 Prozent. Im Herbst, wenn die Gräser im vollen Saft stehen und die Weiden viel gutes, nahrhaftes Futter bieten, steigt er auf 7,5 Prozent. Malte Solterbeck verändert den Fettgehalt seiner Schafsmilch nicht, bevor er sie verarbeitet, denn das widerspräche seinen Vorstellungen von einer gesunden, biologischen Käseherstellung. Allerdings verarbeitet er keine Rohmilch, sondern pasteurisierte Milch und das heißt, er erhitzt die Milch genau so lange auf 63,1 Grad, bis alle Bakterien deaktiviert sind. Warum er das macht, zeigt er beim Blick auf den Melkstand. Denn das Vlies der Schafe nimmt Regenwasser auf und wenn die Schafe auf dem Melkstand stehen, tropft das Fell. Kann man wirklich so sauber arbeiten, dass nie und nirgends ein solcher Tropfen in den Melktank gerät? Bei dieser Vorstellung beginnt die Maschine im Kopf des Mannes, der wieder und wieder die Hände wäscht, um möglichst hygienisch zu arbeiten, sich zu drehen: Wo hat das Schaf zuvor gelegen? Was haben die allgegenwärtigen Fliegen auf seinem Fell zurückgelassen? Ist seine Verdauung genauso, wie die Natur es vorgesehen hat, oder hat es irgendein schmackhaftes, aber nicht besonders wohltuendes Kraut gefressen und nun Durchfall? Es gibt viele Gründe, findet Malte Solterbeck, die Schafsmilch zu pasteurisieren. Und einen Grund gibt es, der mit dem Geschmack seines Käses zu tun hat: Denn der wird von allen aktiven Mikroorganismen in der Milch beeinflusst, einen beständig schmackhaften Rohmilchkäse herzustellen, ist so gut wie unmöglich. Mehr noch. Erst nach dem Anschneiden, also nach Wochen oder Monaten kontinuierlicher Arbeit, zeigt sich, ob der Käse gelungen ist oder zum Verzehr nicht geeignet und weggeworfen werden muss. Dafür ist Malte Solterbeck die Milch seiner Schafe und die Arbeit all der Menschen, die ihren Beitrag zu seinem Käse leisten, nun wirklich zu schade.

Hinter dieser und vielen, vielen anderen Entscheidungen, die Malte Solterbeck trifft, steht seine jahrelange Erfahrung im Käsen.

Aufgewachsen ist Malte Solterbeck (Jahrgang 1979) auf dem Hof in Owschlag, auf dem er heute wieder lebt und seine Käserei betreibt. Seine Familie ist seit 1599 in Sorgwohld, einem Ortsteil von Owschlag ansässig, schon in den ältesten Kirchenbüchern der Gemeinde sind die Landwirte der Familie Solterbeck vermerkt. Für Malte Solterbeck stand fest, dass er diese Tradition weiterführen würde. Trotzdem zog es ihn hinaus, wenigstens für eine Weile. Er studierte

Landwirtschaft in Stuttgart und bereits während des Studiums konzentrierte sich sein Interesse auf die Milchverarbeitung. Mit einer Freundin unternahm er erste Versuche und nach seinem Abschluss begannen sie gemeinsam, auf dem Hof in Owschlag Käse herzustellen.

Das war damals, zu Beginn der 2000er Jahre, ein richtiger Boom. Viele Bauern wollten ihren eigenen Käse machen, aber vor allem wollten die Kunden endlich einmal Käse essen, der nicht aus einer industriellen Produktion stammte. Der Anspruch der Kunden an die Qualität des Käses war zu dieser Zeit nicht besonders hoch. Hauptsache, der Käse war anders.

In den ersten Jahren experimentierte Malte Solterbeck mit seinem selbstgemachten Schafskäse. Die Qualität schwankte anfangs noch. „Das dauert, bis man sich richtig reingetüftelt hat." Er stellte Käse mit Bockshornkleesamen und mit Kräutern wie beispielsweise Thymian her. Heute beherrscht er sein Handwerk aus dem Effeff, hat feste Abläufe etabliert und seine

Jede Käsesorte reift in einem eigenen Reiferaum. Die Camemberts eines Produktionstages stehen auf einer Rollsteige zusammen.

Auf den Reiferaum für seinen Schnittkäse „Junger Hirte" und „Alter Hirte" ist Malte Solterbeck besonders stolz. Die Kalksandsteinplatten an den Wänden sorgen für das perfekte Raumklima.

Abnehmer gefunden. Aber bis es soweit war, hatte er einige Schwierigkeiten zu überwinden.

Owschlag und insbesondere der Ortsteil Sorgwohld liegen ziemlich weit ab vom Schuss, rund zehn Kilometer von Rendsburg entfernt. Die Landschaft ist schön, keine Frage. Am Rand der Hüttener Berge erstrecken sich ausgedehnte Heideflächen. Aber Sorgwohld selbst ist so klein, dass es eigentlich keine Straßen gibt und die Häuser schlicht durchnummeriert sind. Die Straßen, die nach Sorgwohld führen, würden andernorts Wirtschaftswege genannt. Es gibt keine Seitenstreifen, von einem Mittelstreifen ganz zu schweigen, und wem ein Traktor entgegenkommt, der tut gut daran, sein Fahrzeug auf den grasbewachsenen Randstreifen zu steuern. Wer so lebt, Jahr für Jahr in dieser Abgeschiedenheit, muss dafür geboren sein, guter Wille allein reicht nicht aus. Das musste auch Malte Solterbecks Freundin nach einigen Jahren einsehen, sie kehrte in ihre bayrische Heimat zurück. Malte Solterbeck stand vor einer Zäsur. Er musste eine Antwort auf die Frage finden, wie es mit der Käserei weitergehen sollte.

Die Kunden waren im Laufe der Jahre anspruchsvoller geworden. Nur Bio zu sein, genügte inzwischen nicht mehr. Es sollte auch schmecken. Viele von denen, die hoffnungsvoll mit einer eigenen Käserei gestartet waren, mussten aufgeben. Die Qualität, die sie produzierten, genügte einfach nicht mehr. Aber kapitulieren, nein, das wollte Malte Solterbeck nicht. Es ging ja nicht nur um seine Käserei, sondern um die Zukunft des Hofes. Deshalb professionalisierte er sich. Suchte – und fand – neue Vertriebswege. Wurde zu einem angesehenen Käsehersteller, bei dem die Kunden wissen, dass sie gute Qualität einkaufen.

Die Kreativität und das Ausprobieren neuer Rezepte sind im Alltag ein wenig auf der Strecke geblieben. Aber das wird aufgewogen durch die wirtschaftliche Stabilität langfristiger Lieferverträge mit zugesicherten Abnahmemengen. All das passt wie angegossen zu Malte Solterbecks Lebenssituation. Denn inzwischen ist er verheiratet und hat zwei Kinder, ein Jungen und ein Mädchen. Zeit mit seiner Familie zu verbringen hat für Malte Solterbeck eine große Bedeutung. Er will seine Kinder aufwachsen sehen, ein präsenter und kein abwesender Vater sein. Für ihn ist das einer der wichtigsten Vorteile seines landwirtschaftlichen Berufes. „Man arbeitet zuhause, dort, wo die Familie und die Kinder sind“, sagt er und ergänzt: „Landwirt wird man ja nicht, weil man damit viel Geld verdienen kann.“ Die Arbeit ist vielfältig. Ein Landwirt arbeitet mit Menschen, Tieren und Maschinen. Und er ist abhängig vom Wetter. „Aber vor allem: Man kann das nicht alleine durchziehen, das geht nur gemeinsam.“

Seine Käserei hat Malte Solterbeck gut aufgestellt. Sie läuft – läuft auch dann, wenn er mit seinen Kindern spielt. Irgendwann, wenn die Kinder größer sind und eigene Interessen verfolgen, gibt es in der Käserei auch wieder die Möglichkeit, neue Ideen umzusetzen und andere Konzepte und Rezepte zu entwickeln. Aber einstweilen darf es ruhig noch ein Weilchen so bleiben, wie es gerade ist.

RUND UM DIE SCHAFZUCHT

UNTERWEGS MIT DER KÖRKOMMISSION AUF FÖHR

Wäre der Sommer Mitarbeiter in einem Unternehmen, könnte er an diesem Morgen wegen Arbeitsverweigerung gefeuert werden. Es ist Juni, aber es regnet und stürmt, die Temperaturen sind einstellig. Trotzdem steht eine Handvoll Männer und Frauen gut gelaunt am Fähranleger in Dagebüll. Einige von ihnen haben bereits eine ziemlich lange Anfahrt quer durch Schleswig-Holstein hinter sich gebracht. Ihre Vorfreude ist aber weder durch das frühe Aufstehen noch durch das räudige Wetter getrübt. Denn es geht nach Föhr, dort wird die Körkommission die zur Zucht vorgesehenen Schafe beurteilen und alle freuen sich darauf, die Schafzüchter zu treffen, die einmal jährlich ihre Tiere vorführen. Das ist ähnlich wie bei allen anderen Stationen der Körreise, aber auf Föhr wartet etwas Besonderes auf die Körkommission und

Überfahrt nach Föhr: Dr. Angelus Brandt, Michow Schröder, Janine Bruser, Katharina Mextorf, halb verdeckt im Hintergrund: Max Hinz und Thies Thiesen.

Das sind sie also: Michow Schröder und Dr. Angelus Brandt werfen einen ersten Blick auf die zur Körung stehenden Böcke.

was diese Besonderheit ausmacht, lässt sich mit zwei Worten zusammenfassen: Helgas Schnittchen.

„Schnittchen, echt jetzt? Was kann denn an Schnittchen Besonderes dran sein?" – „Wart's ab", sagt Janine Bruser.

Die studierte Agraringenieurin ist seit über zehn Jahren Geschäftsführerin des Landesverbandes Schleswig-Holsteinischer Schaf- und Ziegenzüchter e.V. und damit auch die Vorsitzende der Körkommission. Sie hat das letzte Wort bei der Beurteilung der Wolle, der Bemuskelung und des äußeren Erscheinungsbildes der Schafe und Böcke. Aber es wird nie ausgesprochen, das letzte Wort, denn meist sind sich die drei von der Körkommission einig in ihrer Einschätzung. Janine Brusers Aufgabe besteht darin, neben vielem anderen auch die Zähne der Tiere zu überprüfen - und bei den Böcken den Sitz der Hoden. Sie ist sich sicher: „Als erste Frau, die die Hoden schleswig-holsteinischer Böcke kontrolliert, kenne ich jeden Witz, der je über Frauen gemacht wurde, die nach einem Skrotum greifen."

Beurteilen werden die vorgeführten Tiere an diesem Tag noch zwei weitere Mitreisende: Dr. Angelus Brandt aus Breiholz, ein erfolgreicher und sehr professioneller Schaf- und Pferdezüchter, sowie Michow Schröder. Er ist der Vorgänger von Janine Bruser. Viele Jahre lang war er Geschäftsführer des Verbandes und auch nach seiner Pensionierung blieb er den Menschen und den Schafen verbunden, nimmt an fast allen Treffen und Veranstaltungen teil und ist überall gerne gesehen. Ihn zeichnet eine Eigenschaft aus, von der es wünschenswert wäre, wenn sie sich über die gesamte Menschheit verbreiten würde: Michow Schröder hört erst einmal freundlich und aufmerksam zu, bevor er selbst etwas sagt.

Mit diesen drei Menschen, die die Schafe bewerten, ist die Körkommission aber noch längst nicht komplett. Denn da wären noch:

Max Hinz, ein engagierter Jungschäfer. Er wird, so ist es geplant, in einigen Jahren den Hof seines Vaters Karl-Henning Hinz übernehmen – und der ist seit einigen Jahren der Vorsitzende des Landesverbandes Schleswig-Holsteiner Schaf- und Ziegenzüchter. Max prüft bei den Körungen die Fettauflage und die Muskelschicht der Schafe mit einem Ultraschallgerät. Er kann aus dem grisseligen Bild auf dem Ultraschallgerät den Wert ablesen, der in den Versteigerungskatalog eingetragen wird und Auskunft über die Qualität des Fleisches gibt. Dafür braucht man einiges an Wissen und Erfahrung. Sogar die dänischen Schafzüchter bitten ihn jedes Jahr, sie auf ihren Körreisen zu begleiten; in ihren eigenen Reihen gebe es niemanden, der die Ultraschallschilder besser entschlüsseln könne. Was den Umgang mit Max besonders angenehm macht, sind aber nicht nur sein Wissen und seine Erfahrung, sondern die Freude, die der an der Arbeit mit den Schafen hat.

Die Bewertungen, die die Körkommission festlegt und die Werte, die Max Hinz ermittelt, werden von Thies Thiesen in ein Computerprogramm eingetragen. Über Stunden hinweg sitzt er konzentriert am Laptop, mit zusammengezogenen Augenbrauen, um dann wieder aus der Versenkung aufzutauchen und – tatterata – zu zeigen, wie er wirklich ist: Einer, der überall einen Anlass zum Schmunzeln findet. Wie die meisten Mitglieder der Körkommission hat er sich für seinen Einsatz auf der Körreise extra Urlaub genommen.

Mit zum Team gehört auch Katharina Mextorf, Mitarbeiterin der Geschäftsstelle des Landesverbandes. Sie ist klein und zierlich, aber sie hat einen Weg gefunden, trotzdem nicht in die Niedlichkeitsfalle zu tappen: Was sie sagt, hat Hand und Fuß und Verstand obendrein. Und sie sorgt dafür, dass sie keiner überhört. Katharina arbeitet sich gerade in die Aufgaben der Herdbuchführung ein, damit sie im nächsten Jahr bei einigen Terminen die Leitung übernehmen kann. Aber nicht nur das Bewerten von Schafen muss sie erlernen. Sie muss sich auch im Umgangston einer männerdominierten Branche erproben – und da ist ihre Methode gar nicht mal die schlechteste. Denn wer den Schäfern die Bewertung der Körkommission mitteilt, der braucht ab und an schon eine starke Stimme und ziemlich breites Kreuz.

Die Entscheidung der Körkommission hat für einen Züchter große Bedeutung. Das geht nicht immer widerspruchslos ab, wie sich kürzlich bei einer anderen Körung gezeigt hat. Einer der Züchter war nicht allein vor Ort, sondern hatte Sohn und Tochter dabei. Brauchte er ihre emotionale Unterstützung? Stand sein Ruf als Züchter auf dem Spiel? Darüber sprach er nicht, natürlich nicht, aber er wirkte angespannt, während er seinen Bock der Körkommission vorführte.

Die Körkommission vergibt Noten von eins bis neun, und die Neun, die steht für Perfektion. Die Mitglieder der Körkommission schauten sich den Bock des nervösen Bauern gründlich an, sie murmelten miteinander, die ersten beiden richteten sich schon auf, die Werte 9 – 9 – 8 waren herauszuhören aus ihrem Gemurmel. Einer stand noch gebeugt, schaute, kratzte mit dem Fingernagel an der Klaue und winkte dann seine beiden Kollegen zu sich, schließlich auch die drei Begleiter. Alle starrten auf den Vorderhuf. Ihre Besprechung war nur kurz, dann verkündeten sie das Ergebnis: 9 – 9 – 3. Der Bock hat einen Pigmentfehler am Huf und ist damit von der Zucht ausgeschlossen. Nur Tiere mit einer Mindestbenotung in der Wolle von 5, bei Bemuskelung und Erscheinungsbild von 6 sind zur Zucht zugelassen.

Zur Körkommission gehören Menschen mit nachgewiesenem Sachverstand und deshalb ist ihre Entscheidung nicht nur für ein einzelnes Schaf, sondern für die ganze Zucht von Bedeutung – der Fleck selbst ist für einen Gebrauchsschäfer nicht wichtig, die Einschätzung der Körkommission schon. Welche Auswirkungen die Bewertung auf den Preis des Bockes und der

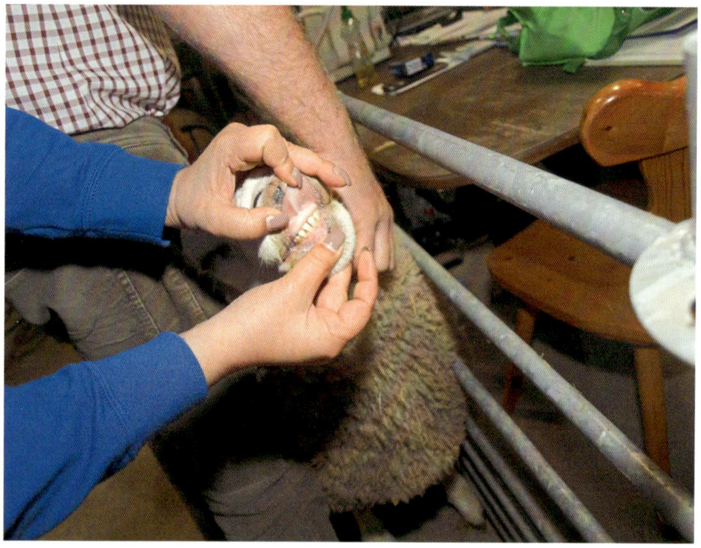

Die Schafwaage wird vom Anhänger in den Stall transportiert und von Janine Bruser und Michow Schröder fachmännisch aufgebaut. Erst wenn sie richtig eben steht, liefert sie gute Messergebnisse.

Nur wer gesundeZähne und ein gerades Gebiss hat, kann sich satt und rund fressen. Deshalb schaut die Körkommission auch nach den Zähnen der Tiere.

anderen, mit dem nicht zuchtfähigen Bock genetisch verwandten Böcke des Züchters hat, lässt sich nicht beziffern. Finanziell geschadet hatte die schlechte Bewertung dem Bock kaum, er wurde in Husum mit 900 Euro versteigert und lag damit im oberen Preissegment.

Trotzdem. Der Züchter nahm seinen Bock am Halfter und verließ stoisch den Körplatz. Die Vorführung seiner anderen Tiere musste der Sohn übernehmen. Der Züchter versuchte noch am gleichen Nachmittag, die Entscheidung der Körkommission anzufechten.

Aber das liegt ein paar Tage zurück, inzwischen sitzt die Körkommission auf der Fähre nach Föhr. Die Überfahrt dauert eine gute Dreiviertelstunde, und unterdessen klart es auf. Südlich der Fähre werden wie auf einer Perlenkette aufgefädelt die Halligen sichtbar. Katharina Mextorf ist auf Pellworm aufgewachsen, das ist zwar keine Hallig, sondern eine astreine Insel, die allerdings gerade mal doppelt so groß wie eine Hallig ist und die, Katharina zeigt ins diesige Helle hinter den Halligen, ungefähr da hinten etwas weiter südlich liegt. Pellworm, die kleine Insel, die von den Touristenströmen bislang noch sanft umflossen wird. Und dann hat die Fähre auch schon Föhr erreicht und legt am Hafen von Wyk an.

Auf dem Parkplatz wartet mitsamt seinem Transporter auch schon Jörn-Ken Petersen. Er ist der Bezirksvorsitzende des Schaf- und Ziegenzüchterverbandes und damit für die Organisation des Körtermins verantwortlich. Die Begrüßung ist friesisch-herzlich und das bedeutet, es werden Hände geschüttelt und Schultern geklopft, was so ungefähr einer Umarmung in Berlin oder einer Serie von Wangenküsschen in Paris entspricht. Unterdessen hat die kleine Zugmaschine, die zur Fähre gehört, den Anhänger der Kommission vom Schiff aufs Land gezogen.

Weil es Geld spart, nur den Anhänger statt eines Autos samt Anhänger auf der Fähre zu transportieren, blieb das Auto auf dem Festland. Jörn-Ken Petersen nimmt den Anhänger mit der Schafwaage darauf an den Haken und dann geht es los, weg vom proppenvollen Wyk, hinaus in das Bauernland weit jenseits der Strände. In Alkersum rumpelt das Gespann über einen Wirtschaftsweg und hält an einer Scheune, wo schon andere Menschen warten. Die Waage wird aufgebaut, das Ultraschallgerät angeschlossen. Dann spricht Helga Roeloffs die magischen Worte: „Kommt doch erst mal rein." Darauf haben sie alle gewartet: Jedes Mitglied der Körkommission, alle Begleiter und jeder der Züchter, der seine Tiere kören lassen will, ein paar Altschäfer, die längst in Rente sind und mittlerweile mit mehr oder weniger klugen Anmerkungen nicht sparen, aber auch die Kinder, die an diesem nun doch noch freundlich gewordenen Tag rund um die Scheune umeinander rennen, und möglicherweise noch zwei oder drei Nachbarn, die sich beinahe zufällig eingefunden haben, um diese magischen Worte aus Helgas Mund zu hören: „Kommt doch erst mal rein."

Im Gänsemarsch stapft der ganze Tross von der Scheune zum Haus, der Weg ist schmal, der Hausflur auch, und es kommt zu kurzen Verwicklungen, als die mit den schafkotigen Schu-

Die Körkommission ist in wechselnder Besetzung unterwegs, aber viel Schafverstand kommt in jeder Runde zusammen. Auf dem unteren Bild ist im Vordergrund die legendäre Helga Roeloffs zu sehen.

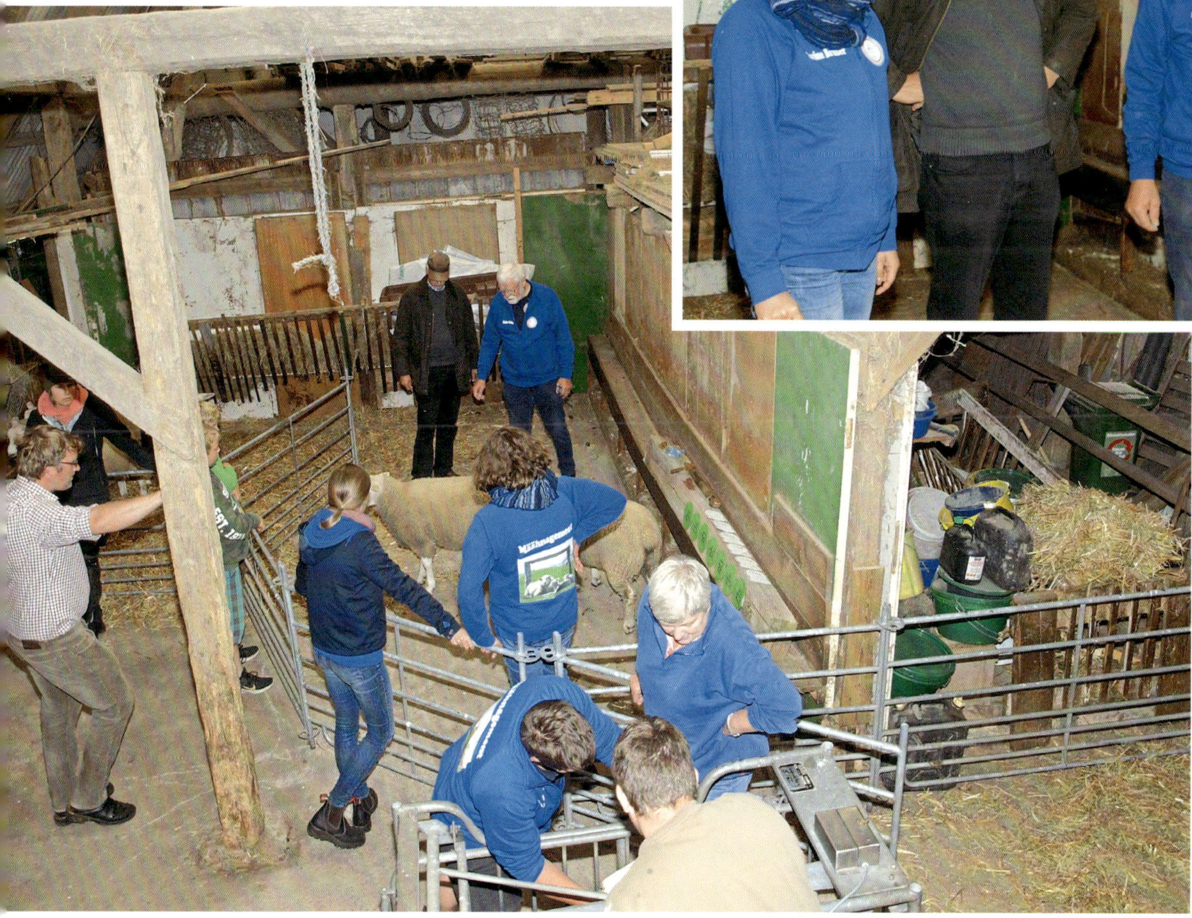

Dieses Foto zeigt nur einen kleinen Ausschnitt von Helga Roeloffs Küche. Hinten in der Mitte ist Bob zu sehen, Helgas Mann.

hen – hier Botten genannt – diese ausziehen und vor der Tür beiseitestellen.

In der Vorstellung, die sich ein Stadtmensch vom Leben auf dem Land macht, müsste sich nun die Tür zu einer riesigen Bauernküche öffnen, die zu dem mindestens 200 Jahre alten Bauernhof gehört, und über alte Dielenböden ... Aber ganz so pittoresk geht es auf dem Hof von Helga und Bob Roeloffs dann doch nicht zu. Helga ist auch keine rosawangige Bauersfrau, der die Schürze auf dem Leib festgewachsen ist. Sie ist eine bodenständige Frau, die in einem Steuerbüro arbeitet und zusammen mit ihrem Mann, der seit einem schweren Schlaganfall vor 17 Jahren körperlich beeinträchtigt ist, im Nebenberuf eine Schäferei betreibt und Schafe züchtet. Außerdem weiß die Landbevölkerung durchaus die Vorzüge gut isolierter, fußwarmer Böden und die funktionierenden Versorgungsleitungen eines Neubaus zu schätzen.

In Helgas moderner Küche steht ein langer Tisch und nachdem alle Platz genommen haben, kann die Schlemmerei beginnen. Es gibt Tee und Kaffee, und es gibt, auf großen Tabletts angerichtet, Helgas legendäre Schnittchen. Das sind Weißbrotscheiben, belegt mit Käse, Wurst, Ei, Räucherfisch und vor allem mit Krabben, hübsch dekoriert mit Mixed Pickles, Gürkchen, Kräutern und klein geschnittenem Gemüse. Jeder langt mit herzhaftem Appetit zu. Es ist unterdessen 10 Uhr geworden und damit sowieso ein guter Zeitpunkt für ein zweites Frühstück.

Nein, die Körkommission erwartet nicht, auf jedem Hof fürstlich bewirtet zu werden. Aber wenn es etwas Leckeres gibt, lassen sie es sich schmecken und fürs Erste verläuft auch dieses Frühstück auf Föhr nicht anders, als man sich so ein Frühstück eben vorstellt. Aber das ändert sich rasch. Es dauert gar nicht lange, da sind die ersten Tabletts fast leer. Helga geht in ihre Speisekammer, kommt mit zwei vollen Tabletts wieder zum Vorschein, platziert die übrig gebliebenen Schnittchen obenauf und räumt die leeren Servierplatten ab.

Es dauert nur Minuten, bis auch die frischen Tabletts fast leer sind. Wieder verschwindet Helga in ihrer Speisekammer und kommt mit Nachschub zurück. Und wieder. Und wieder. Und noch einmal. Das nimmt einfach kein Ende. Was um alles in der Welt verbirgt sich hinter der Speisekammertür? Eine Lagerhalle? Die Werkstatt der fleißigen Schnittchen-Wichtel? Ein Mammutbaum, an dem Schnittchen wachsen?

Helgas Besucher essen und essen. Sie essen so viel, weil die Schnittchen einfach unglaublich gut schmecken. Aber einige tun es auch deswegen, weil sie es ein einziges Mal erleben möchten, dass dieses Perpetuum mobile der immerzu neue Schnittchen servierenden Helga einmal anhält, weil alles aufgegessen wurde.

„Das ist noch nie passiert“, flüstert Janine. „In all den Jahren noch nicht, die ich jetzt schon mit der Körkommission unterwegs bin.“

„In meiner Zeit auch nicht“, ergänzt Michow Schröder. Wie viele Jahre sind das? 20, 30, 40 Jahre?

Irgendwann sind alle pappsatt. Auf dem Tisch stehen noch immer zwei volle Tabletts mit Schnittchen. Helga serviert zur guten Verdauung Köm, den hellen Aquavit Norddeutschlands.

„Sag mal, wie viele Schnittchen hast du eigentlich gemacht?“, fragt einer aus der Runde.

„Och, nicht so viele“, antwortet Helga. „Ich dachte nur, es wäre schön, ein paar übrig zu haben, wenn meine Kinder heute Nachmittag von der Arbeit kommen. Außerdem hatte ich ja Hilfe“, ergänzt sie und stellt ihre Schwester vor, die bislang dafür gesorgt hat, dass der Nachschub an Tee und Kaffee nicht ins Stocken geriet.

Aber die winkt ab: „Als ich um 7 Uhr rüberkam, waren die Brote schon geschnitten und mit Butter beschmiert, die mussten wir nur noch belegen. Kurz bevor ihr kamt, sind wir damit fertig geworden.“

Danach beginnt die Körung.

Gekört werden die Schafe, die bis zu einem bestimmten Stichtag geboren wurden. Die Tiere sind, um eine gute Vergleichbarkeit zu gewährleisten, maximal anderthalb Jahre alt. Meist sind es Böcke, die zur Körung vorgeführt werden, seltener Schafe, die ja meist die eigene Herde der Züchter verstärken sollen und die im Herbst bei der Herdbuchaufnahme benotet werden. Alle erhobenen Daten fließen in den Katalog ein, der die Grundlage für die mehrere Tage dauernde Bockauktion in Husum bildet. In diesem Katalog stehen auch Angaben über die Abstammung, das Gewicht des Tieres bei der Körung, ob es zu einem Mehrlingswurf gehörte und wie das Ablammergebnis seiner Mutter ist. All diese Angaben sind im Katalog als Zahlen vermerkt, die für den Laien kaum zu entschlüsseln sind. Für den Züchter bedeutet das Erscheinen des Kataloges die reine Glückseligkeit. Einige, so wird berichtet, lauern rund um den Erscheinungstermin tagelang hinter der Küchengardine auf den Briefträger. Züchter und Schafhalter erkennen die Zuchtlinien hinter den Zahlen, für sie entsteht ein Geflecht, in dem sie Muster und Zusammenhänge entdecken, die für sie so spannend sind wie für andere ein kompliziertes Sudoku-Rätsel.

In eine allgemein verständliche Sprache übersetzt klingen die Überlegungen der Züchter dann ungefähr so: Sieh mal an, Züchter A hat einen starken Bock bei der Auktion, der mit 9 – 8 – 8 gekört wurde. Im letzten Jahr hat er sich einen Bock von Züchter B ersteigert und der sah zwar ganz gut aus, war aber nur mit einer 6 bemuskelt. Da muss man ein bisschen vorsichtig sein, auch wenn sein Nachkomme gut gekört wurde, in der nächsten Generation kann diese Schwäche durchaus wieder durchschlagen. Und dann hat man den Salat.

Jeder Züchter muss wissen, welche der vielen Eigenschaften, die sich aus der langen Reihe einer Zucht entwickelt haben, zu seiner eigenen Herde passen. Sollten seine Tiere etwas robuster sein? Brauchen sie eine bessere Wolle? Wäre etwas mehr Fleischertrag wünschenswert? Mit welchem Bock kann er seine Herde weiterentwickeln? Für diese Entscheidungen sind die Angaben im Versteigerungskatalog wichtig – und ein ordentliches Maß an Fingerspitzengefühl gehört auch dazu.

Vollends verwirrend wird es für einen Laien jedoch, wenn ein Züchter einen Kollegen nach seiner Meinung fragt. Dann fliegen Namen und Jahreszahlen hin und her und Abkürzungen kommen zum Einsatz, die sich nicht so einfach entschlüsseln lassen. Das Vertrackte ist: Je mehr einer über Schafe weiß, desto mehr gibt es für ihn darüber zu reden. Einem Schafexperten mit Schlafproblemen sollte man niemals das Schäfchenzählen empfehlen. Er käme nicht über das erste Schaf hinaus, so viel gäbe es dabei zu betrachten und zu bedenken. Schaf ist Schaf ist Schaf? Nicht für einen der vielen Schaf-Enthusiasten Schleswig-Holsteins.

Rund zwei Wochen ist die Körkommission ohne große Unterbrechungen in Schleswig-Holstein unterwegs, nimmt zwei bis drei Termine am Tag wahr, damit die erhobenen Daten gut vergleichbar bleiben.

Auf Föhr waren es diesmal nicht ganz so viele Tiere, die vorgeführt wurden, nur rund 50 und keine 200, die es auch schon einmal zu kören gab. Die Körkommission kann von Föhr aus nicht einfach weiterfahren, wenn sie fertig ist. Auf der Insel ist es der Rhythmus, in dem die Fähre verkehrt, der den Takt vorgibt. Eine Stunde müssen sie überbrücken und die nutzen sie für eine kurze Stippvisite in Wyk. Drei Stunden nach Helgas Schnittchen haben die Ersten schon wieder Appetit auf ein Eis.

Die Zehen in den Sand stecken, wenigstens mal kurz, auch das wäre fein: Der Sommer hat es sich nach dem misslungenen Start in den Tag anders überlegt, die Sonne scheint kräftig. Und dann stehen sie am Strand, halten ihre Botten in den Händen, die Männer und Frauen, die in den letzten Stunden konzentriert gearbeitet haben, um ihren Teil für die gesunden, ertragreichen Schafherden des nächsten Jahres zu leisten. Um sie herum liegen die Urlauber in Bikinis und Shorts auf ihren Badetüchern und fragen sich ganz offensichtlich, was es mit dieser dunkel gekleideten, nach Schaf müffelnden und doch ziemlich ausgelassenen Truppe auf sich hat.

Eine Viertelstunde, vielleicht zwanzig Minuten bleiben die Mitglieder der Körkommission am Strand, dann müssen sie sich auf den Weg zur Fähre machen. Gutgelaunt. Weil sie ihre Arbeit gemacht haben, weil sie noch immer angenehm gesättigt sind und weil die Aufgabe, ein einziges Mal alle von Helga vorbereiteten Schnittchen aufzuessen, sie auch im nächsten Jahr wieder herausfordern wird.

BOCKMARKT IN HUSUM – MOMME BÄHRS PRÄSENTIERT SEINE ZUCHTBÖCKE

Alle vier Kinder von Dorthe und Torsten Bährs sind auf dem Hof mit Tieren aufgewachsen und alle haben sie ein besonderes Gespür für den Umgang mit Schafen. Nun könnte man durchaus behaupten, ihre Mutter habe ihnen dieses Gespür ja quasi in die Wiege gelegt, indem sie den Kinderwagen in den Schafstall schob. Wer Dorthe Bährs kennt, der ahnt, wie sie sich angesichts dieser Aussage mit dem Zeigefinger an die Stirn tippt. Aber vielleicht ist doch etwas dran. Torsten Bährs erinnert sich, wie er mit seiner zehnjährigen Tochter Deike an den Deich ging. Die Kleine rief nach den Schafen, die Tiere kamen angelaufen und Torsten stand staunend daneben.

Oke, mit 11 Jahren der jüngste der Bährs-Kinder, liegt die Arbeit auf dem Hof. Die Rundballen Heu, die packt er mit dem Gabelstapler heute schon präzise in Viererkolonnen übereinander. Sein Bruder Momme ist 16 Jahre alt und geht noch zur Schule. Wie sein Bruder Hannes vor ihm wird er im nächsten Sommer seine Ausbildung zum Landwirt beginnen. Die vier Betriebe, die ihm das Wissen vermitteln können, das er für seine Zukunft brauchen kann, hat er sich selbst zusammengesucht. Momme war es auch, der vor ein paar Jahren davon sprach, seine eigenen Schafe züchten zu wollen. Seine Eltern nahmen ihn beim Wort.

„Der hat das Gefühl für die Schafe", da ist sich auch Mommes Großvater Reimer sicher.

Momme war 14, als er seine ersten Zuchtböcke der Körkommission vorstellte. Schöne Tiere allesamt, aber etwas zu leicht für den ganz großen Erfolg. Später, sagt Momme, haben sie noch ordentlich zugelegt, aber der Körkommission zeigten sie sich als Leichtgewichte und diese Einschätzung kann durchaus in engem Zusammenhang mit den Terminen der Körkommission stehen, denn obwohl sie sich anstrengen, nicht zu viel Zeit bei ihrer Reise durchs Land vergehen zu lassen, machen zwei Wochen doch schon einen gewaltigen Unterschied.

Im Jahr darauf lief es für Momme Bährs deutlich besser. Schöne Böcke konnte er vorführen und der schönste von ihnen wurde mit 7-8-8 gekört, was in etwa einer 2 minus bei einer extrem strengen Lehrerin entspricht, die sonst nur Dreien und Vieren verteilt. Dieser Bock landete als einer von vier Tieren des Jungzüchters Momme Bährs unter der Nummer 78 im „Katalog für die Prämierung und Absatzveranstaltung von Böcken und Schafen der Rasse Texel". Die Veranstaltung, die dort benannt wird, lässt sich aber auch mit einem einzigen Wort zusammenfassen: Husum!!! Genau so, mit einer ordentlichen Anzahl von Ausrufezeichen, ist sie im Kalender der schleswig-holsteinischen Schäfer und Züchter vermerkt.

Der alljährlich im August stattfindende Bockmarkt in Husum ist sehr viel mehr als eine Absatzveranstaltung. Es ist das alljährliche Treffen all der Menschen, die mit Schafen arbeiten und irgendwie ja auch leben. Langjährige Bekanntschaften können in Husum aufgefrischt, der al-

Lammkönigin Heike Marit Carstensen und Lammprinzessin Nadine Dethlefs

lerneueste Tratsch beschnackt und nicht zuletzt neue Tiere für die eigene Herde erworben werden: Das alles ist Husum!

Der größte Bockmarkt des europäischen Festlandes dauert vier Tage, etwa zwölf Rassen werden prämiert und versteigert, und mit ein paar statistischen Zahlen lässt sich die Bedeutung des Husumer Bockmarktes rasch belegen: Durchschnittlich werden 700 Tiere im Jahr der Prämierungskommission vorgestellt und später zur Versteigerung vorgeführt, die Zuschlagssummer aller vier Markttage beträgt rund 250.000 Euro. Auch die nordfriesischen Lammhoheiten sind vertreten, die Lammkönigin Heike Marit Carstensen und die Lammprinzessin Nadine Dethlefs, entweder umschichtig oder sogar gemeinsam, aber das nur am Rande.

Für Momme beginnt der Ausstellungstag früh. Sehr früh. Denn der Auftrieb findet bereits zwischen 7 und 8.30 Uhr statt. Damit es am Morgen nicht gleich so hektisch wird, hat Momme schon am Tag zuvor seine Böcke von der Weide geholt und in den Schafstall gebracht. Geholfen hat ihm dabei sein Großvater und während Momme nun einen Bock nach dem anderen am Strick zum Anhänger führt, bekommt er ganz nebenbei noch ein paar Tipps, wie er seine Tiere am geschicktesten der Prämierungskommission vorführen kann und was zu tun ist, falls sie bocken und nicht weiterlaufen wollen. Wer den Anhänger mit den Schafen dann von der Weide über die Feldwege in den Stall fährt, wird natürlich nicht verraten, denn auch in Dithmarschen können Bauernkinder ihren Führerschein erst mit 18 beziehungsweise 17 Jahren machen. Nur so viel: Manche Menschen besitzen schon in jungen Jahren ein großes Geschick beim Rangieren eines Gespanns.

Gut vorbereitet machen sich Momme und Reimer Bährs zu nachtschlafender Zeit auf den Weg, denn dieser Weg von Neufelderkoog nach Husum ist nicht nur 77 Kilometer lang, sondern wird durch die B5 zu einer echten Tortur. Die Landstraße führt von Itzehoe an der Westküste entlang bis nach Dänemark und ist in beide Richtungen dermaßen stark frequentiert, dass schon ein Pkw große Mühe hat, einen vor ihm fahrenden Lkw zu überholen. Ein Pkw mit Anhänger klemmt, wenn es blöde läuft, viele Kilometer lang hinter einem langsamen Traktor fest. Fun Fact am Rande: Nordfriesland ist der einzige Kreis Deutschlands, der über keinen einzigen Kilometer Autobahn verfügt.

In Husum wird schon auf dem Parkplatz des Messegeländes klar, dass es sich bei dem Bockmarkt um eine besondere Veranstaltung handelt, denn die meisten Autos, die dort stehen, sind nicht nur sehr robust, sondern sie weisen auch eine große Bandbreite an Verschmutzungsgraden auf. Zwei Männer in Fieldjackets sitzen bei geöffneter Heckklappe auf der Ladefläche ihres Kombis, essen Stullen und trinken Kaffee aus der Thermoskanne.

Im Innern der Messehalle riecht es – Nichtschäfer würden sagen: streng, alle anderen sagen: gut –nach einer Mischung aus Heu, Stroh, Schafskötteln und Schaf im Allgemeinen. Einige Laufwege hat der Landesverband der Schleswig-Holsteiner Schaf- und Ziegenzüchter mit Pappbahnen ausgelegt, das ist umsichtig, denn die Arbeitsschuhe mit dem Profil, in dem sich so allerhand zu Boden Gegangenes verfängt, sind bei Männern und Frauen gleichermaßen das Schuhwerk der Wahl.

Links vom Eingang sind die Schafe angebunden. Sie stehen in einer langen Reihe, der Boden ist mit Sägespänen und Stroh ausgelegt, und oberhalb der Schafe hängt an einer Art Wäscheleine ein Zettel mit den Angaben zum Züchter. Die Schilder mit der Nummer, unter der dieser Bock im Auktionskatalog zu finden ist, wurde ihm mit einem Stückchen Blumendraht in eine Locke seines Vlieses eingedreht.

Vom Anbindeplatz führt ein gleichfalls mit Stroh und Sägespänen ausgelegter Weg zum Prämierungsplatz, der ein wenig der Manege im Zirkus gleicht, an zwei Seiten ziehen sich Sitzreihen in die Höhe. Zur Prämierung werden Böcke und Schafe nach Alter sortiert vorgeführt. Aber nicht jeder kann sich in seiner Pracht zeigen. Nur die Tiere, die von der Körkommission zuvor auf der Körreise nach den definierten Kriterien bewertet wurden, darf sich im Ring der Husumer Messehalle der Prämierungskommission vorstellen. Vom Ablauf her ähneln sich Körung und Prämierung, allerdings zielt die Prämierung vor allem darauf ab, nicht die einzelnen Tiere zu bewerten, sondern ihren Platz in-

Am Anbindeplatz können Interessierte einen ersten Blick auf die Tiere werfen, die prämiert und versteigert werden sollen.

Bald ist es soweit: Momme wird zum zweiten Mal seine Böcke in Husum vorführen. Reimer Bährs findet, sein Enkel hat ziemlich viel Schafverstand.

Auch das Vorführen der Böcke wird geübt. Sie gehen nicht gerade willig an der Leine im Kreis.

nerhalb eines Rankings der zur Verfügung stehenden Böcke und Schafe festzustellen.

Der Vormittag mit seinen Prämierungen ist vor allem für die Züchter interessant. Maximal 15 der gekörten Böcke werden pro Durchlauf den drei Mitgliedern der Prämierungskommission in der Husumer Messehalle vorgeführt. Die verliehenen Bewertungen sind ziemlich tricky, denn schlechter als auf einem zweiten Platz kann keines der Tiere landen: Ein kleiner Teil der vorgeführten Tiere kehrt mit einem Dankeschön zum Anbindeplatz zurück, sie alle haben einen zweiten Platz erreicht. Nur die übrig gebliebenen Tiere werden von der Kommission noch einmal ausführlicher betrachtet, sie alle haben bereits zu diesem Zeitpunkt einen ersten Platz errungen und erst die Buchstabenfolge hinter der Zahl gibt Auskunft über die Rangfolge innerhalb der ersten Plätze. Für Momme wird es spannend: In welche Reihenfolge rangieren die Kommissionsmitglieder diese Böcke? Wer lange im Kreis läuft, kann sich auf einen der vorderen Plätze Hoffnung machen. Als beinahe alle schon stehen, hat Momme Bährs mit seinem Bock Nr. 78 noch immer keinen Platz zugewiesen bekommen. Unsicher hält er inne, bis einer der Preisrichter ihm bedeutet, er möge sich doch bitte umdrehen. Erst danach fällt es ihm auf: Er steht auf dem vordersten Platz in der Reihe. Er kann es selbst kaum glauben, aber als ihm alle die Hände schütteln und er die Plakette entgegennimmt, wird es ihm klar: Sein Bock hat in diesem Durchgang den ersten Preis, den sogenannten Preis 1a, erreicht.

Unterdessen hat sich die Halle gefüllt. Die Schäfer, die Tiere für ihre Herden kaufen möchten, sind nach und nach eingetroffen. Noch schauen sie sich die Stände der Aussteller an. Tolle Sachen gibt es zu kaufen, vom Schafhalfter bis zum Mineralienleckeimer und ultraleichten Aluzäunen. Der wichtigste Stand ist jedoch hinter den Plätzen der Aussteller zu finden. In der Imbissbude gibt es belegte Brötchen, ganz standesgemäß Eintopf mit Lammfleisch und Lammbratwurst mit Pommes oder Kartoffelsalat. Aber vor allem gibt es Kaffee.

Rund 200 Schafe und Böcke werden an jedem Markttag gesichtet und einige davon auch prämiert, das dauert Stunden, aber dann ist es soweit. Aus den Siegern der jeweiligen Bewer-

Wieder ist er da, der fachmännische Blick, mit dem die schönsten und besten Böcke ausgewählt werden. Gernand von Massow, links, trägt das traditionelle Schäferhemd.

Je nach Rang werden die Züchter und ihre Böcke in einer Reihe einsortiert. Mit dem ersten Bock, den er vorführt, landet Momme Bährs noch im Mittelfeld.

tungsrunden wird abschließend der Rassesieger gekürt. Inzwischen ist die Aufregung auch bei Momme angekommen. Alltags ist er genauso cool, wie es Pubertierende allüberall sind. Offen und sympathisch, das schon, aber eben auch schon ziemlich erwachsen. Sich nun allerdings als Jungzüchter unter denen zu befinden, die den möglichen Rassesieger vorstellen, ist für ihn eine recht ungewöhnliche Situation und lässt ihn um einige Jahre jünger wirken, unversehens kommt da der Junge wieder zum Vorschein. Momme hält sich wacker, führt seinen Bock Runde um Runde im Kreis umher, wieder sortiert die Kommission die Reihenfolge und wieder ist es Momme, der im Zentrum des Vorführplatzes steht, bis nur noch vier, dann drei, dann zwei Böcke im Rennen sind. Von bester Bemuskelung, einem stabilen Rahmen, einem guten Fundament spricht der Vorsitzende der Kommission: Momme Bährs Bock Nr. 78 ist der zweitbeste Bock des Tages, in der Sprache der Schafzüchter hat er damit den Reservesieg erreicht. NDR und RTL sind mit Kamerateams vor Ort und interviewen Momme.

Nachdem er seinen Bock zum Anbindeplatz zurückgebracht hat, bildet sich um ihn rasch eine Traube fachsimpelnder Schäfer und Schäferinnen. Momme beantwortet Fragen, ist einer von ihnen. Jung zwar, aber keineswegs deswegen belächelt. Was die anderen Schäfer und Züchter allerdings tatsächlich von seinen Tieren halten, wird nicht im Plauderton am Anbindeplatz geäußert. Das wird sich in der Versteigerung zeigen, die den ganzen Nachmittag in Anspruch nimmt.

Aufgerufen werden die Tiere nach ihrer Katalognummer, in geraden Jahren zuerst die Tiere mit einer geraden Nummer, in ungeraden Jahren umgekehrt. Damit keiner zu lange auf die Siegerböcke warten muss, werden sie zwischen die ersten zur Versteigerung aufgerufenen Tiere einsortiert. Vor Momme Bährs Bock ist der Siegerbock an der Reihe, er geht zu einem recht guten Preis knapp über 1.000 Euro weg. Nach ein paar anderen Böcken ist auch der Bock Nr. 78 an der Reihe und rasch wird klar: Für Mommes Bock ist bei 1.000 Euro noch lange nicht Schluss. Immer wieder gehen die Gebote hin und her. Erst drei, dann zwei Züchter wollen dieses Tier haben und bieten sich gegenseitig hoch. Den Zuschlag bekommt das stolze Gebot von 1.350 Euro. Am Ende des Tages hat der Bock mit der Nummer 78 das Höchstgebot des Tages bekommen. Aus der Zucht des zu diesem Zeitpunkt 15-jährigen Momme Bährs stammt der Bock, für den die Schäfer Schleswig-Holsteins den allerhöchsten Preis zu zahlen bereit waren. Darauf kann Momme zu Recht stolz sein.

Längst nicht jeder angebotene Bock wird während der Versteigerung verkauft, einige Anbieter nehmen ihr Tier lieber wieder mit nach Hause, statt es billig zu verkaufen. Das bleibt Momme erspart, seine vier Tiere wechseln zu einem ordentlichen Betrag den Besitzer.

Gleich nach der Prämierung hat er daheim angerufen, Dorthe und Torsten haben mit Spannung auf seine Nachricht gewartet. Vielleicht wird Momme irgendwann später seinen Kollegen von den Jungscheepers erzählen, wie es war, in der Mitte zu stehen, während von allen Seiten die Gebote auf ihn einprasselten.

Aber lange wird er sich nicht mit seinem Hochgefühl beschäftigen, der Alltag holt ihn schon bald wieder zurück auf den Boden. Im Auto sitzend, während sie über die B5 nach Hause zockeln, bespricht er mit seinem Opa, welche Eigenschaften ein Bock haben müsste, um seine Zucht zu verstärken. Vielleicht wird er sich ja selbst einen ersteigern. Denn Momme Bährs wird weitermachen. Damit er im nächsten Jahr aufs Neue gute Böcke präsentieren kann.

Mit einem seiner Tiere landet Momme Bährs bei der Prämierung auf dem zweiten Platz aller vorgestellten Zuchtböcke.

Man hätte es da schon ahnen können: Der stolze Siegerbock an seinem letzten Abend vor der Versteigerung.

SCHAFE AN DER UNI KIEL

An der Christian-Albrechts-Universität zu Kiel, präziser: in der von Professor Dr. Georg Thaller geleiteten AG Tierzucht und Haustiergenetik am Institut für Tierzucht und Tierhaltung, werden verschiedene Forschungsprojekte zu Schafen bearbeitet. Eines davon zeigt schon jetzt, dass es die Herdbuchzucht nachhaltig verändern könnte.

Betreut wird dieses Projekt von der Doktorandin Nina Ossowski und es trägt den wissenschaftlich geprägten Titel: „Entwicklung eines nachhaltigen Zuchtprogramms in der deutschen Schafzucht unter Nutzung des Multi-Natursprungs (MuNaSch)", wobei MuNaSch die Abkürzung des Wortes „Multi-Natursprung Schaf" ist. Nein, es geht nicht darum, die sportlichen Qualitäten von Schafen zu testen. Sondern es geht um Sex. Dieses Projekt könnte zu großen Veränderungen in der Herdbuchzucht führen – und vielleicht sogar dazu, dass in der Zucht mehr Lämmer geboren werden können.

Seit das erste Herdbuch geöffnet wurde, werden Schafe nach dem gleichen Verfahren gezüchtet: Um die Abstammung eines Lamms zuverlässig dokumentieren zu können, wird zunächst die Herde in einzelne, kleinere Gruppen von Schafen geteilt. Diesen Gruppen wird jeweils ein einzelner Bock zugeteilt. Der trägt meist ein Brustgeschirr mit einer Art Stempel, damit markiert er während des Deckaktes den verlängerten Rücken des Schafes. In der Regel sind die Böcke mindestens einen, meistens aber zwei Reproduktionszyklen, also für drei bis sechs Wochen, in der Herde. Die Gründe dafür leuchten ein: Einerseits werden nicht alle Schafe zur gleichen Zeit brünstig und andererseits könnte ein Bock, auch wenn mehrere Tiere gleichzeitig brünstig sind, nicht alle erfolgreich decken.

Ihren Zyklus haben Schafe nicht während des gesamten Jahres, die meisten Schafrassen werden nur im Herbst brünstig. Einige Schafdamen brauchen die Anwesenheit des Bocks, um in Stimmung zu kommen. „Bockeffekt" nennen die Schäfer die anregende Wirkung des Bocks und sie schwören darauf, dass gerade zu Beginn und zum Ende der Zuchtsaison der Zyklus der Schafe dadurch schneller und besser in Gang kommt. 17 Tage dauert der Zyklus, und an lediglich zwei Tagen sind Schafe empfängnisbereit. Die meisten Böcke sind sehr tüchtig, aber selbst der virilste Bock deckt nicht alle Schafe einer Herde. Deshalb wird nach einer Wartezeit von mindestens zehn Tagen der nächste Bock zur Herde gelassen, der seine Partnerinnen mit einer anderen Farbe stempelt. Damit wäre auch geklärt, warum im Herbst die Schafe auf den Deichen und Weiden so viele verschiedene Farben tragen. Für die Zuordnung des Vaters zu einem Lamm sorgt aber nicht die Stempelfarbe, sondern vor allem die Biologie: Durch die Wartezeit, bis ein neuer Bock zur Herde gelassen wird, sind die Züchter zumindest mathematisch auf der sicheren Seite. Doch es gibt einen großen Nachteil, den sie dabei in Kauf nehmen müssen. Die für Schafhalter sehr anstrengende Lammzeit dauert mehrere Monate, wenn drei oder vier Böcke nacheinander eingesetzt werden. Auch die Größe der Zuchtherden ist durch dieses Verfahren recht begrenzt.

An der Christian-Albrechts-Universität wird nun wissenschaftlich untersucht, wie die Abstammung des Lammes mit Hilfe von Abstammungsnachweisen, also einem Vaterschaftstest, analysiert werden kann und welche Vor- und Nachteile dieses System mit sich bringt. Neu ist der Vaterschaftstest nicht, in der Herdbuchzucht werden auch heute schon stichprobenartig solche Tests durchgeführt. Aber dank der systematischen und umfassenden Untersuchungsmethode von Nina Ossowski können beliebig viele Böcke in der Herde mitlaufen. „Seltsamerweise tragen die Böcke häufiger Kämpfe aus, wenn sie zu zweit in der Herde sind. Bei drei und mehr Böcken geht es friedlicher zu", weiß Nina Ossowski inzwischen. Aber das ist nur eine der vielen Erkenntnisse, die sich seit Beginn ihrer Promotionsarbeit ergeben haben.

Dabei stand ganz am Anfang nur eine einzige Frage: Lässt sich die Abstammung durch Gentests beim Multi-Natursprung zuverlässig nachweisen? Dazu entwickelten Forscher schon vor einiger Zeit spezielle Ohrmarken, mit denen zugleich ein kleines Stück des Gewebes ausgestanzt und in einem Behälter aufgefangen wird, der mit der Nummer der Ohrmarke gekennzeichnet ist und so im Labor unverwechselbar einem bestimmten Jungtier zugeordnet werden kann. Noch entsprechen diese Ohrmarken mit der Gewebestanze nicht der Viehverkehrsverordnung, sondern werden den Tieren zusätzlich angebracht. Angestrebt ist, recht bald Ohrmarken einzusetzen, die auch mit einer Stanze den Vorgaben des VVO entsprechen, ähnlich den Marken, die seit langem in der Rinder- und Schweinehaltung verwendet werden.

In der Verantwortung des Züchters liegt es, die Lämmer ihren Müttern zuzuordnen. Ist er bei der Geburt dabei, ist das gar kein Problem. „Nur wenn mehrere Lämmer in der Nacht unbeobachtet zur Welt kommen, kann es schwierig werden", erklärt Nina Ossowski. Das hat mit der etwas skurrilen Eigenart von Schafen zu tun, sich gegenseitig die Lämmer abspenstig zu machen, davon erzählt ausführlicher das Kapitel über die Lammzeit auf dem Hof der Familie Bährs.

Das Forschungsprojekt von Nina Ossowski konzentriert sich primär darauf, die Zeit, in der die Lämmer geboren werden, zu komprimieren. Aber gesucht wird auch nach Antworten auf die Frage, ob die Schafe fruchtbarer werden und es häufiger zu Mehrlingsgeburten kommt, wenn mehrere Böcke in der Herde mitlaufen. Dabei hat sich nun ergeben, dass Schafe, nach menschlichen Maßstäben betrachtet, ziemlich emanzipierte weibliche Wesen sind. Wenn sie die Auswahl haben, ist es keineswegs der Bock, der sich seine Partnerin aussucht, sondern umgekehrt. „Wir wissen heute noch nicht, nach welchen Kriterien ein Schaf seine Entscheidung trifft", sagt Nina Ossowski. „Aber dass es eine Entscheidung trifft, ist eindeutig."

Außerdem sind Schafe, wiederum nach menschlichen Maßstäben bemessen, durchaus promiskuitiv. In ihrer fruchtbaren Zeit lassen sie sich von mehreren Böcken decken. „Das führt dazu, dass unerwartet viele Mehrlinge eines Schafes von verschiedenen Vätern stammen", erklärt Nina Ossowski. Weil diese Erkenntnis für die Zucht von Schafen eine Sensation ist, darf sie gerne auch ein zweites Mal mit anderen Worten formuliert werden: Bringt ein Schaf Zwillinge oder Drillinge zur Welt, stammen diese gar nicht so selten von unterschiedlichen Vätern.

Gebrauchsschäfer hatten diese Besonderheit beim Schafnachwuchs auch früher schon häufiger beobachtet. Wenn beispielsweise Böcke unterschiedlicher Rasse und/oder Farbe zum Einsatz kommen, lässt sich leicht erkennen, dass die Geschwister eines Wurfes von unterschiedlichen Vätern stammen. Aber in der Herdbuchzucht hatte diese Erkenntnis bislang keine Bedeutung. Hundert und mehr Jahre standen immer nur einzelne Böcke bei den Herdbuchschafen – und bei den Gebrauchsschäfern spielt die genetische Abstammung sowieso keine große Rolle.

Mit ihren Forschungen wird Nina Ossowski noch einige Monate zu tun haben. Sie hat in Gießen Tiermedizin studiert. Im letzten Jahr ihres Studiums stand ihr Rotationsjahr an. In dieser Zeit lernte sie die verschiedenen Bereiche der Tierklinik der Justus-Liebig-Universität in Gießen kennen und entschied sich danach für ein vertiefendes Praktikum an der Klinik für Geburtshilfe, Gynäkologie und Andrologie der Groß- und Kleintiere mit Tierärztlicher Ambulanz der Universität. Leiter dieser Ambulanz ist Dr. Henrik Wagner, einer von Deutschlands wenigen Fachtierärzten für kleine Wiederkäuer. Ihn unterstützte sie im Rahmen ihres Praktikums bei der Bestandsbetreuung. Nina Ossowski half Lämmern zur Welt, die es alleine oder nur mit Unterstützung ihres Schäfers nicht geschafft hätten, sie hat bei Operationen assistiert, Schafe geimpft und entwurmt. Und schon bald war ihr klar: Schafe und Ziegen, die kleinen Wiederkäuer, haben es ihr angetan, sie will als Tierärztin mit kleinen Wiederkäuern arbeiten. „Schafe sind freundlich, sie haben einen angenehmen Charakter", sagt sie. „Außerdem sind sie klein. Schau mich doch an, wie sollte ich denn einem Kalb oder einem Fohlen auf die Welt helfen."

Nina Ossowski ist eine zierliche Frau, mit langem, blondem Haar. Wie zart sie ist, fällt aber weder auf den ersten noch auf den zweiten Blick auf. Viel unmittelbarer ist ihre Energie spürbar, die locker ausreichen würde, nebenher noch einen ganzen Schwung Glühbirnen zum Leuchten zu bringen. Einfach war es für sie nicht, nach dem Abschluss ihres Studiums eine Promotionsstelle im Feld der kleinen Wiederkäuer zu finden. Dieser wissenschaftliche Bereich ist nicht allzu groß, denn anders als in den wirtschaftlich interessanten Feldern von Landwirtschaft und Tiermedizin stehen der Erforschung der kleinen Wiederkäuer kaum relevante Drittmittel zur Verfügung.

Aber nachdem Nina Ossowski einmal ihren Entschluss gefasst hatte, ließ sie sich davon

Nina Ossowski, Doktorandin an der Uni Kiel, hat während ihres Studiums der Tiermedizin in Gießen die Schafe schätzen gelernt.

nicht mehr abbringen, auch wenn Freunde und Verwandte ihr sehr davon abrieten. Denn es gab einige Monate, in denen sie nicht wusste, wie es mit dem Fokus auf die kleinen Wiederkäuer in ihrem Studium und ihrem Beruf für sie weitergehen sollte. Sie blieb stur – und fand zu guter Letzt eine Promotionsstelle in Kiel, zog dafür von Hessen nach Norddeutschland. Für sie war es die richtige Entscheidung. „Ich mag Schafe. Und ich habe gerne mit den Schäfern zu tun. Die meisten sind genauso stur wie ich und halten an Meinungen fest, die sie seit 40 Jahren nicht geändert haben. Aber wenn jemand mit einer guten Idee kommt …"

Was sie machen wird, wenn das Forschungsprojekt und die Promotion abgeschlossen sind, weiß sie noch nicht, rechnet aber realistischerweise mit Schwierigkeiten. „Es gibt nur wenige Tierarztpraxen, die sich schwerpunktmäßig um Schafe kümmern und sich damit über Wasser halten können." Es macht wenig Sinn, fürchtet sie, wenn sie ihre Hoffnungen in diese Richtung wendet. Aber vielleicht kann sie im Schafgesundheitsdienst, den es in einigen Bundesländern gibt, oder einem Veterinäramt einen Platz finden? Vielleicht in der Forschung oder in der Weiterbildung? Nina Ossowski wird dranbleiben und die Augen offenhalten. Denn die Schafe und sie, das passt einfach.

Kurze Schafschwänze, lange Schafschwänze

„Niemand darf einem Tier ohne vernünftigen Grund Schmerzen, Leiden oder Schäden zufügen", heißt es in Paragraf 1 des Tierschutzgesetzes (TierSchG).

Aber was ist ein vernünftiger Grund? In den meisten Schäfereien wird der Schwanz der Schafe kupiert. Das geschieht meist am Tag nach der Geburt, längstens bis eine Woche danach. Der Schäfer zieht einen festen Gummiring etwa in Höhe des Afters über den Schwanz. Die Durchblutung wird gestoppt. Es dauert zwischen 7 und 14 Tagen, bis der untere Teil des Schwanzes schließlich abfällt und das Lamm nur noch ein Stummelschwänzchen hat.

Kupiert werden nur die Tiere, die auf lange Sicht gesehen einen Nutzen durch den kupierten Schwanz haben, also die weiblichen Schafe und die zur Zucht vorgesehenen Böcke.

Eigentlich steckt ein guter Plan der Natur hinter einem längeren Schwanz. Die Schafe können damit wedeln und sich die lästigen

Kupiert werden nur die Schwänze der Mutterschafe und Zuchtböcke auf etwa sieben Zentimetern Höhe. Erlaubt ist das Kupieren ohne Betäubung ausschließlich durch die Applikation eines elastischen Gummirings.

Schlachtböcke werden nicht kupiert. Historische Schriftstücke lassen vermuten, dass Schafe bereits im 14. Jahrhundert kupiert wurden.

Fliegen vom Leib halten. Theoretisch funktioniert das gut. Meistens. Aber in der Praxis bereiten die Fliegen den Schafen eben doch große Probleme. Die Schafe leben im Freien, sie ziehen auf den Deichen umher oder stehen auf Weiden, sie fressen, ruhen, tage- und wochenlang. Wo ihre Köttel zu Boden fallen, stellen sich rasch Fliegen ein. Aber nicht immer fällt der gesamte Kot zu Boden, auch Schafe können etwas Falsches fressen und Durchfall bekommen. Dann bleibt etwas Kot am Schwanz oder am Po hängen und auch dort legen Fliegen ihre Eier ab. Die Eier werden zu Maden und die fressen sich immer tiefer ins Fleisch des Schafes. Es bilden sich Entzündungen, an denen ein Schaf sterben kann. Der Befall mit Maden verursacht zunächst einen starken Juckreiz und im weiteren Verlauf erhebliche Schmerzen.

Ein weiterer Vorteil der kupierten Schwänze zeigt sich im Herbst beim Bocksprung, denn auch die Befruchtung der Schafe wird durch den kupierten Schwanz einfacher.

Dennoch stehen sich angesichts der Rückseite der Schafe zwei Lager gegenüber. Da sind die einen, die die Schwänze ihrer Tiere kupieren und davon überzeugt sind, auch im Sinne des Tierwohls eine gute Entscheidung getroffen zu haben. Und da sind die anderen, die es unverantwortlich finden, der Natur auf diese Weise ins Handwerk zu pfuschen. Dazwischen stehen die Züchter, die versuchen, bei der Auswahl ihrer Zuchttiere ein besonderes Augenmerk auf kurze Schwänze zu legen. Vielleicht liegt darin die Zukunft.

Vorerst jedoch haben auf den Deichen und Weiden einige Schafe lange Schwänze und andere eben nur ein Stummelschwänzchen.

SOMMERSCHAFE – WINTERSCHAFE

GOLDNER TRITT UND EISERNER ZAHN – SCHAFE AUF DEN DEICHEN

DER DEICHGÄNGER

Peter Schoer ist Deichgänger. Fünf Kilometer lang ist der Deichabschnitt, für den er zuständig ist. Zwischen Friedrichskoogs ehemaligem Hafen und dem Trischendamm überwacht er den Deich, inspiziert ihn täglich, zu Fuß oder mit dem Fahrrad, auf der Land- und auf der Seeseite, zehn Kilometer an jedem Tag. Jeder Meter Deich ist ihm im Laufe der Jahre vertraut geworden, zu jeder Jahreszeit, bei jedem Wetter.

Noch keine hundert Jahre gibt es diesen Seedeich im Friedrichsköger Ortsteil Dieksanderkoog, erst 1933 wurde mit der Eindeichung begonnen. Zwei Jahre lang arbeiteten viele Menschen an dem Deich, sie arbeiteten schwer – und sie arbeiteten bei einem heutzutage kaum vorstellbaren Lärm. Denn ihre Förderbänder konnten wegen des Meerwassers nicht mit Öl geschmiert werden. Metall knirschte auf Metall, wochen- und monatelang, bis der Deich fertig war und mit der Besiedlung des Hinterlandes begonnen werden konnte.

Etwas mehr als zwanzig Jahre nach dem Deichbau ist Peter Schoer in Sichtweite von Hafen und Deich aufgewachsen. Schon als Kind lief er mit seinen Freunden über den Deich raus ins Watt, wo sie mit ihren kleinen Netzen auf Krabbenfang gingen. Und wenn das Wetter gut war, badeten sie im Hafenpriel. Sein Berufswunsch stand Peter Schoer während seiner Kindheit immer vor Augen: Fischer wollte er werden. Mitte der 70er Jahre begann er die Ausbildung auf einem Krabbenkutter, 16 Jahre nach dem Ende seiner Ausbildung arbeitete er bei demselben Skipper. Mit ihm erlebte er einen Schiffsuntergang, der zwar gar nichts mit Schafen zu tun hat, am Ende dieses Kapitels aber dennoch erzählt wird. Weil es eine spannende Geschichte ist, die einiges über das Meer und die Menschen erzählt. Und weil sie zu Peter Schoer und seinem Leben einfach dazugehört.

Viele Jahre fuhr Peter Schoer mit seinem Kapitän zur See. Seine nächste Aufgabe fand er am Hafen in Friedrichskoog. 22 Jahre lang war er für Hafenunterhaltungsarbeiten zuständig. Im Sommer hat er den Rasen gemäht, im Winter

Schnee geräumt und das Eis im Hafenbecken aufgehackt, er hat die Dalben ausgebessert, den Hafen gehegt und gepflegt und mit den Fischern geschnackt, wenn sie von ihrer Fahrt zurückkehrten. Vor der jährlichen Kutterregatta hat er alles darangesetzt, seinen Hafen von der allerschönsten Seite zu zeigen. Aber dann wurde der Hafen 2016 geschlossen. Es sei auf Dauer zu teuer, den Hafenpriel freizubaggern, hieß es von Seiten der Landesregierung. Peter Schoer fand seine neue Aufgabe als Deichgänger beim Landesbetrieb für Küstenschutz, Nationalpark und Meeresschutz Schleswig-Holstein. Der LKN.SH ist für den Bau, die Pflege und die Instandhaltung der Deiche verantwortlich.

750 Menschen arbeiten beim LKN.SH. Von den fünf Baubetrieben Schleswig-Holsteins ist der Baubetrieb 4 in Kaiser-Wilhelm-Koog für die rund 100 Kilometer Küstenlinie zwischen Hamburg-Wedel und Friedrichskoog-Spitze zuständig. 72 Mitarbeiter hat der Baubetrieb 4. Sie reparieren die Zäune an den Deichen, erneuern sie etwa alle 15 Jahre. Und sie pflegen die Schafdämme, die in regelmäßigen Abständen von der Küstenlinie bis zum Spülsaum die Vorländereien durchziehen und bei hoch auflaufendem Wasser und Sturmflut einen Fluchtweg für die Schafe bilden. Aber vor allem sorgen sie für die Instandhaltung der Deiche und reparieren die Beschädigungen, die Sturmfluten immer wieder an den Deichen anrichten. Dazu haben sie in den Vorländereien die sogenannten Sodengewinnungsflächen angelegt, das sind Areale, auf denen Grassoden zur Reparatur von Deichschäden herangezogen werden. Allerdings erst im Frühjahr. Zwar bringt der Winter die meisten Sturmfluten mit sich, weil aber die Wachstumsperiode noch nicht begonnen hat, werden entstandene Schäden zunächst nur ge-

Die Disteln, die zu groß geworden sind, sticht Peter Schoer mit einer kleinen Schaufel aus.

sichert und dann im Frühjahr entweder mit Kleie aufgefüllt und mit Grassaat bestreut oder eben mit Soden ausgebessert.

Peter Schoer war beim LKN.SH als gelernter Fischer ein Quereinsteiger, hat aber seine Qualifikation nach einer Weiterbildung und einer verwaltungseigenen Prüfung belegt und ist damit beim LKN.SH einem gelernten Wasserbauer gleichgestellt. Seither ist einige Zeit vergangen, er wird nur noch wenige Jahre als Deichgänger arbeiten, dann geht er in Rente.

Die Arbeit beim LKN.SH ist oft genug eine richtig schwere Arbeit. Wenn die Mitarbeiter beispielsweise im Watt arbeiten, dort etwas reparieren oder bauen, macht der schwere blaue Schmodder jeden Schritt mit den Gummistiefeln zu einer Anstrengung. Als blauen Schmodder bezeichnen die Einheimischen den Matsch auf der Seeseite, im Gegensatz zum braunen Schmodder auf der Landseite.

Einem jungen Wasserbauer genügt nach einem langen Tag im Watt der Feierabend und ausreichend Schlaf, um sich zu erholen. Aber je mehr Jahre zusammenkommen, desto länger braucht der Mensch zur Erholung. Eine korperlich allzu schwere Belastung führt langfristig zu gesundheitlichen Beeinträchtigungen. Einigen Mitarbeitern setzt das nicht übermäßig zu, sie bleiben bis zu ihrem Ruhestand bei ihren Aufgaben als Wasserbauer. Aber wenn langjährige Mitarbeiter auf ihre Vorgesetzten zukommen, weil ihnen die Arbeit zu schwer wird, beginnt die gemeinsame Suche nach einer Alternative und wenn dann die Position eines Deichgängers neu zu besetzen ist, sind sie die erste Wahl. Denn es ist eine verantwortungsvolle Aufgabe, bei der es auf Erfahrung und einen aufmerksamen Blick für die Veränderungen ankommt, die den Deich gefährden könnten. Diese Erfahrung brachte Peter Schoer durch seine Arbeit am Friedrichsköger Hafen mit.

Er weiß, wie es ist, wenn er kommt, der Blanke Hans – so wird die Nordsee bei Sturmfluten genannt. Über die Herkunft des Namens sind sich die Linguisten uneins, aber an der Küste weiß jeder, was damit gemeint ist: Der Blanke Hans möchte sich das Land, das man ihm abgenommen hat, wieder holen. Dagegen arbeitet man beim LKN.SH an, repariert nicht nur tagesaktuell die Deiche, sondern plant auch den Schutz der Küsten und hat dabei die nächsten hundert Jahre im Blick. Mindestens. Denn die Deiche gewährleisten das Leben der Menschen an den Küsten. Inzwischen greift ein ausgeklügeltes System. An der Nordsee beginnt bei erwarteten 1,50 Metern über dem Mittleren Tidehochwasser, abgekürzt MThw, die Rufbereitschaft der Baubetriebsleiter und Abschnittsleiter, von einer Sturmflut spricht man aber erst ab 2,50 Meter über MThw.

Die Flutkatastrophe in Hamburg 1962 mit einer Höhe von 3,50 Meter über MThw hat alle Verantwortlichen wachgerüttelt, heute werden regelmäßig Übungen mit der Feuerwehr und dem Technischen Hilfswerk veranstaltet, um auf den Fall der Fälle vorbereitet zu sein. Damals, 1962, wurden auch die Bewohner aus Friedrichskoog evakuiert und wer blieb, um zu helfen, brachte wenigstens seine Kinder in Sicherheit. Viel hätte zum großen Unglück nicht gefehlt, der Deich war bereits an einigen Stellen gebrochen.

Damit es nicht so weit kommt, muss der Boden der Deiche verdichtet werden, immer wieder, von früh bis spät, am Morgen, am Tag und am Abend, und das an möglichst vielen Tagen im Jahr. Was auf Baustellen der Rüttler macht, erledigen am Deich die Schafe. Sie verdichten den Boden, halten die Grasnarbe kurz und verhindern das Wachstum von Pflanzen, deren tiefreichende Wurzeln den Deich schwächen würden. Vom Frühsommer bis zum Herbst, manchmal sogar bis in den November hinein, stehen die Schafe auf den Deichen und machen ihre Arbeit.

Auf seinen Kontrollgängen hat Peter Schoer immer einen kleinen Spaten dabei. Damit sticht er die Disteln aus, die zu groß geworden sind. Denn so hingebungsvoll die Schafe ihren Tag auch mit Fressen und Wiederkäuen verbringen können: Sie mögen keine Disteln, dieses stachelige Gewächs lassen selbst die genügsamsten Tiere stehen. Lediglich die jungen Disteln werden von den harten Klausen der Schafe zertreten. Und um den Rest kümmert sich Peter Schoer.

Geht die Wachstumsperiode im Spätherbst zu Ende, wird das Futter für die Schafe knapp. In Dithmarschen werden die Tiere dann auf die Kohlfelder getrieben, wo sie die nach der Ernte übrig gebliebenen äußeren Kohlblätter und Strünke fressen. Danach gehen auch die Dithmarscher Schafe, wie alle anderen Deichschafe, auf ihre Winterweiden im Hinterland.

Die Deiche, vor allem aber die Vorländer, bieten in dieser Zeit, vom Herbst bis ins Frühjahr, Zugvögeln aus Skandinavien und von der russischen Eismeerküste Raum. Die Schäfer ärgert das, denn vor allem das erste neue Gras täte den Schafen mit ihren Lämmern gut, weil es viele Nährstoffe und Eiweiße enthält – doch im Frühjahr sind es vor allem die Nonnengänse, die dieses Gras fressen. In riesigen Schwärmen überwintern sie im Vorland und nutzen den Beginn der Wachstumsperiode, um Fettreserven für die Rückkehr in ihre Brutgebiete und die anstrengende Brutzeit anzulegen. Etwa im Mai steigen sie auf und fliegen davon. Dann wird es ruhig auf den Deichen, der Sommer beginnt und die Schafe kehren zurück.

Ohne die 150.000 Schafe, die entlang der fünf Baubetriebe des LKN.SH auf den Deichen stehen, wäre ein Schutz der Flächen nicht möglich – es sei denn, man würde statt der Erdwälle Betondeiche errichten. Aber solange die Deiche aus Erde bestehen, sind die Schafe mit ihrem goldenen Tritt und dem eisernen Zahn, wie es an der Küste seit jeher heißt, unverzichtbar.

In den Vorländereien haben sich einzigartige Naturräume entwickelt. Das führte 1985 dazu, dass die gesamte Nordseeküste Schleswig-Holsteins zum Nationalpark wurde, 2009 erklärte die UNESCO das Wattenmeer sogar zum Weltnaturerbe der Menschheit. Bevor das Wattenmeer zum Nationalpark wurde, konnten alle Vorländereien beweidet werden. Heute wird rund die Hälfte der Salzwiesen nicht mehr beweidet und kann sich natürlich entwickeln, so wie es in einem Nationalpark sein soll.

Dort, wo die Schafe weiden, siedeln sich viele Vögel an. Denn im Wattenmeer, wo kein Baum und kein Strauch wächst, leben die Vögel, die ihre Nester auf dem Boden bauen. Sie fliegen auf und flüchten, wenn sich eine Gefahr nähert. Und die können sie leichter erkennen, wenn die Grasnarbe durch die Schafe kurz gehalten wird. Die Bodenbrüter leben heute nicht in den brachliegenden Flächen, sondern mit den Schafen auf den beweideten Arealen.

Nagetiere wie Mäuse oder Maulwürfe gefährden die Stabilität der Deiche durch ihre Tunnelsysteme nicht unmittelbar. Die Gefahr geht vielmehr von den Hunden aus, die trotz des Verbotes frei auf den Deichen laufen. Denn die riechen die Nager, versuchen sie auszubuddeln und richten Schäden an, die den Angriffen des Blanken Hans erst Tür und Tor öffnen. Durch die wärmeren Winter ist die Zahl der Nagetiere auf den Deichen gestiegen, das Problem wird in den Planungen des LKN.SH immer wichtiger. Eine große Rolle bei der Bekämpfung der Nagetiere spielen auch die Schafe. Wenn nämlich die Grasnarbe durch die Schafe kurz gehalten wird, können Greifvögel die Nager jagen. Entlang der Landseite der Deiche wurden, um diesen Vögeln das Jagen zu erleichtern, Julen errichtet, so heißen die Sitzstangen für Greifvögel, die aus langen Masten mit einem Querbalken am oberen Ende bestehen.

Die Bedeutung der Deichschafe spiegelt sich auch in ihrer Wertschätzung wider. Wer die Schafe gefährdet, der gefährdet die Menschen. Unmittelbaren Ausdruck findet das in der Ahndung von Verstößen gegen die Anleinpflicht für

Hunde. Während diese Verstöße in städtischen Parks mit einem zweistelligen Betrag geahndet werden, muss ein Hundehalter, der seinen Hund ohne Leine am Deich laufen lässt, mit einem Bußgeld von bis zu mehreren tausend Euro rechnen.

Dieser Teil seiner Aufgaben ist Peter Schoer zuwider: Er muss die Halter freilaufender Hunde ansprechen, sie bitten, ihre Tiere anzuleinen und sie darüber informieren, welche Gefahr freilaufende Hunde für den Deich und damit den Küstenschutz bedeuten. Oft genug bekommt er dazu aber gar keine Gelegenheit. Kaum hat er sein Anliegen vorgetragen, wird er von den Hundebesitzern angepöbelt. Es erschreckt Peter Schoer jedes Mal, wenn er unvermittelt zum Ziel einer großen Aggression wird. Er versteht weder, womit er diesen Zorn verdient hat, noch, wie er sich dagegen zur Wehr setzen kann. Und er ist nicht der einzige Deichgänger, der sich mit uneinsichtigen Hundebesitzern konfrontiert sieht. In allen fünf Baubetrieben des LKN.SH stehen die Deichgänger und Wasserbauer vor diesem Problem. Die Behörde hat deshalb ein Faltblatt entwickelt, das die Deichgänger den Hundehaltern in die Hand drücken können, ohne sich auf fruchtlose Wortgefechte einlassen zu müssen. „Da stehen die Argumente drin“, sagt Peter Schoer, „und die müssten eigentlich jedem einleuchten, oder?“ Inzwischen hat er neben der Schaufel zum Distelausstechen und der Zange zum Reparieren der Zäune auch immer einen Stapel Hundehalter-Faltblätter dabei.

Selbst die Hunde, die scheinbar keinen Schaden anrichten, gefährden die Sicherheit des Deiches. Peter Schoer sieht es auf seinem Rundgang jeden Tag. Viel Mühe macht ihm der Bereich rund um den Deichaufgang am Campingplatz. Dort wachsen nicht nur Disteln, auf dem

Areal von der Größe von zwei, drei Fußballfeldern steht das Gras viel höher. „Die Schafe merken sich das“, sagt Peter Schoer. „Die Camper kommen mit ihren unangeleinten Hunden hier hoch.“

Anders als es die landläufige Meinung sagt, sind Schafe nämlich gar nicht blöde. Sie können erkennen, von welchen Hunden eine Gefahr für sie ausgeht. Vor unangeleinten Hunden nehmen sie Reißaus – auch wenn sie nicht gejagt werden. Häufig genug entdecken jedoch sogar Hunde, die sich alltags im Park beim Spaziergang völlig entspannt verhalten, beim Anblick von Schafen und Lämmern den Jäger in sich. Selbst, wenn sie nicht zubeißen – und oft genug geschieht auch das – versetzen sie doch die Schafe und ihre Lämmer in Angst und Schrecken. Dabei werden häufig genug die Lämmer von ihren Müttern getrennt, und je jünger die Lämmer sind, desto größer ist die Gefahr, dass sie bei ihrer panischen Suche in einen Priel rutschen und ertrinken.

Ein Hütehund weiß, was er tut – ein Jack-Russel-Terrier nicht. In jedem Jahr kommen im Bereich von Peter Schoer Lämmer durch freilaufende Hunde zu Tode. Kein Wunder also, dass die Mutterschafe bestimmte Bereiche meiden – wie etwa am Deichaufgang hinter dem Campingplatz, wo der Deich nun aufwändig mit maschinellem Einsatz in Schuss gehalten werden muss.

Peter Schoer ist ein freundlicher Mann, es ist ziemlich einfach, ihn zum Lächeln zu bringen. Er mag seine Arbeit, er ist gerne an der frischen Luft auf dem Deich unterwegs. Oft bietet sich ihm bei der Arbeit ein Anblick, als hätte es ein Maler arrangiert: Der weite, blaue Himmel spannt sich über die grünen Wiesen der Deiche, und darauf schlendern wie weiße Wölkchen die Schafe umher. Das Idyll verdeckt den Blick auf

Einige Landwirte halten neben Schafen auch Gänse auf ihren Deichflächen.

das komplexe Wissen über das Meer und das Land, das hinter den Deichanlagen steckt. Ohne diese Deiche könnten an den Küsten keine Menschen leben. Und ohne Schafe gäbe es keine funktionierenden Deiche.

DIE GESCHICHTE DER DEICHE

Es war im Mittelalter, als die Menschen an den Küsten Nordeuropas auf die Idee kamen, ihre Ackerflächen durch Ringdeiche zu schützen. Die historischen Ringdeiche waren kaum höher als 1,20 Meter, doch sie boten während der Wachstumsperiode den Feldern einen ausreichenden Schutz. Die Ernte wurde eingebracht und erst danach, im späten Herbst, begann die Zeit der Sturmfluten. Das Wasser wurde vom Wind gegen die Deiche gedrückt und von dort wie in einer Rolle rückwärts zurückgeschlagen, wieder und wieder, und mit jeder Welle, die von der See gegen den Deich rollte, nahm das Wasser einen Teil seiner Erde mit. Lange dauerte es nicht, meist genügte eine einzige Sturmflut, um diese unzureichenden ersten Deiche zu vernichten.

Die Menschen kannten es nicht anders, sie lebten mit dem Meer und vom Meer und im nächsten Frühjahr nahmen sie ihre Schaufeln wieder zur Hand und begannen aufs Neue, die Deiche zum Schutz ihrer Felder aufzurichten.

„Deichen oder weichen" war die Losung der Menschen, die an der Küste lebten. Man half sich, die Ringdeiche wurden miteinander verbunden und zum Ende des 13. Jahrhunderts bildeten die Deiche entlang der Küste und entlang der ins Land reichenden Flüsse eine geschlossene Linie, den sogenannten Goldenen Ring. Einen umfassenden Schutz, wie wir ihn heute kennen, boten diese Deiche aber noch nicht, noch ließ sich das Meer vom Menschen nicht in die Schranken weisen. Bei der Großen Mandrenke, der Zweiten Marcellusflut, die vom 15. bis zum 17. Januar 1363 die Nordseeküste von Ost- bis Nordfriesland traf, gingen rund 100.000 Hektar Kulturland verloren. Die Küstenlinie, wie wir sie heute kennen, entstand erst durch die Große Mandrenke. Die gesamte Landfläche westlich von Husum, Büsum und Brunsbüttel war verloren und die Stadt Rungholt, damals der bedeutendste Handelsort an der Küste, wichtiger sogar als Hamburg, versank im Meer. Allein an der dünn besiedelten Westküste starben damals um die 100.000 Menschen.

Der Deichbau entwickelte sich weiter, aber das Meer bleibt unbeherrschbar. Bei der Burchardiflut, die in der Nacht vom 11. auf den 12. Oktober 1634 die Küste traf, starben rund 15.000 Menschen. In Nordfriesland und auf Eiderstedt richtete die Burchardiflut große Schäden an und weite Teile der Insel Alt-Nordstrand wurden weggespült.

Der Kampf um die Sicherheit des Landes war nur in einer gemeinsamen Anstrengung zu gewinnen. Entlang der Küste bildeten sich Deichverbände, die die Deiche im Blick behielten, reparierten, was beschädigt war, und vor allem das Wissen bündelten und Neues ausprobierten. Im Laufe der Zeit entstanden so die Deiche in ihrer heutigen Form: Ein Deich besteht aus einer steilen Erhebung auf der Landseite und auf der Seeseite aus langgezogenen Ausläufern, über die das anbrandende Wasser seine Energie auslaufen lassen kann, lange bevor es die Deichkrone erreicht. Diese moderne und sehr zuverlässige Art des Deichbaus schuf die Voraussetzungen zur Entstehung der Köge, großer Flächen, die dem Meeresboden abgerungen wurden, deutlich unter dem Meeresspiegel liegen und rundum eingedeicht sind.

Bis heute gibt es an der Küste jedoch noch keinen Grund, die Hände in den Schoß zu legen und die Unbill des Wetters einfach auszusitzen.

Denn gleichgültig, wie gescheit es der Mensch auch anpackt: Das Meer hat auch heute noch die gleiche Gewalt wie vor 700 Jahren.

PETER SCHOER ERLEBT DEN UNTERGANG DES FISCHKUTTERS SD 23 „ODIN I“

Es war der 18. November 1985. Peter Schoer und sein Kapitän fischten in der Elbmündungnahe des Scharhörn-Riffs. Rund 1.000 Pfund Krabben hatte Peter Schoer an diesem Tag schon gekocht, das war seine Aufgabe, und die Krabben lagen sicher verwahrt im Laderaum. Die See war rau, aber es herrschte noch kein Seegang, der die Rückkehr in den Hafen erforderlich gemacht hätte. Der Krabbenkutter zog die beiden Schleppnetze hinter sich her, das Wasser war an dieser Stelle etwa drei Meter tief, als plötzlich ein harter Ruck durch das Schiff ging: Eines der Netze hatte sich in einem Stockanker verhakt. Sofort stoppte der Skipper den Motor, gemeinsam holten sie das freie Netz ein und versuchten dann, das verhakte Netz wieder loszumachen. Aber es wollte ihnen einfach nicht gelingen, der Wind drücke ihren Kutter bedenklich zur Seite und nur mit Mühe konnten sie den Anker an Bord hieven und die Netze wieder in Ordnung bringen. Sie wollten gerade wieder ihre Fangfahrt fortsetzen, manövrierten ihren Kutter in die geplante Richtung, da erschütterte ein harter Schlag ihr hölzernes Schiff bis zur letzten Verschraubung. Beide Männer stürzten und ahnten schon, was sie sehen würden, wenn sie die Klappe zum Motorraum öffneten. Das Schiff war auf ein Hindernis gelaufen, der Rumpf zerschlagen und noch während sie sich aufrappelten, begann der Maschinenalarm zu schrillen. Ein Blick in den Motorraum bestätigte die Gefahr. Der Kutter war leck geschlagen, Wasser sprudelte an mehreren Stellen in großen Fontänen empor. Viel Zeit blieb dem Kapitän nicht. Er setzte einen Notruf ab, das klassische SOS, kurz bevor die Batterien, die auch das Funkgerät mit Strom versorgten, nass wurden und versagten. Ein Kutter, der in der Nähe lag, machte sich unmittelbar auf den Weg. Auch ein Hubschrauber des Bundesgrenzschutzes, der gerade in der Luft war, eilte ihnen zur Hilfe. „Zum Glück ist das tagsüber passiert und nicht in der Nacht. Bei Dunkelheit wäre das nicht gut ausgegangen“, davon ist Peter Schoer bis heute überzeugt.

Mit einer Seilwinde holte der Hubschrauber sie von Bord, erst Peter Schoer, dann seinen Kapitän. Das gehört sich so, die seemännische Regel besagt, dass der Kapitän als letzter das sinkende Schiff verlässt. Seit dem Notruf waren noch keine 20 Minuten vergangen. Als die beiden Männer das Schiff verließen, ragte es nur noch mit dem seitlichen Hintersteven so eben aus dem Wasser. Die Wassertemperatur betrug an diesem Tag nur 5 Grad.

Der Hubschrauber brachte Peter Schoer und seinen Kapitän zum Marinefliegerstützpunkt nach Nordholz, dort bekamen sie erst einmal Decken und einen heißen Kaffee. Und dann brachte die Hubschrauberbesatzung sie auch noch nach Hause, auf der großen Wiese hinter dem Hotel Friesenhof in Friedrichskoog landete der Hubschrauber. Beide Männer waren bis auf ein paar blaue Flecke mit dem Schrecken davongekommen.

Wie jeder Seeunfall, bei dem Menschen potenziell gefährdet wurden und/oder es zu einer Grundberührung, einer Kollision, Explosion oder Feuer kam, wurde auch dieses Schiffsunglück gründlich untersucht, das Wrack wurde gehoben. Jeder Kapitän, dessen Schiff auf deutschen Hoheitsgewässern in einen Seeunfall verwickelt ist, auch jeder Kapitän auf einem Schiff, das unter deutscher Flagge fährt und in anderen Gewässern verunglückt, muss sich vor dem Seeamt in Hamburg verantworten. Das ist eine Seefahrertradition, die seit 1877 besteht und der sich auch Peter Schoers Chef stellen musste.

Er wurde freigesprochen: Ein Wrack, das lange verborgen im Schlick gelegen hatte, war freigespült worden. Im Anker dieses Wrack hatte sich das Schleppnetz vermutlich verhakt und zu guter Letzt war der Krabbenkutter dann auch noch mit dem Wrack kollidiert. Untergehend war die ODIN I mit der Steuerbordseite auf dem alten Wrack liegen geblieben. Weil dieses Wrack nicht auf den Seekarten verzeichnet gewesen war, traf den Kapitän der ODIN I keine Schuld an dem Schiffsuntergang.

Wenn Peter Schoer heute von diesem Tag im November erzählt, klingt er ziemlich unaufgeregt. Was es tatsächlich für ihn bedeutete, mitten an einem kalten Novembertag bei ordentlich Wind auf einem sinkenden Schiff zu stehen, wird an einem Satz deutlich, den er dann eher nebensächlich nachschiebt: „In den Monaten darauf hat meine Frau mich nachts oft aus schlimmen Träumen aufgeweckt."

Seit dem Schiffsuntergang haben sich Peter Schoer, sein Kapitän und ihre Ehefrauen jedes Jahr im November getroffen. Um ein bisschen zusammenzusitzen und um darüber zu reden, wie viel Glück sie hatten an diesem Novembertag vor so vielen Jahren.

Die Versicherung zahlte den Schaden. Das neue Schiff wurde in Ostfriesland gebaut, ein Stahlkutter, die „ODIN II". Im Frühjahr nach dem Schiffsuntergang bekam Peter Schoer einen Anruf seines Kapitäns: „Willst du wieder fischen?" Ja, das wollte er. Und das blieb auch so. Viele Jahre lang war Friedrichskoog sein Heimathafen.

Heute schaut Peter Schoer aus seiner Werkstatt am ehemaligen Hafen dem Niedergang des Areals zu, das bis vor wenigen Jahren das identitätsstiftende Zentrum der Gemeinde bildete und ein Anziehungspunkt für Touristen war. Die Dalben wurden inzwischen abgesägt. Das ehemalige Hafenbecken verwandelt sich jeden Sommer durch den Algenbewuchs in einen grünlichen Tümpel. Es gibt Pläne, schöne ebenso wie unsinnige, was mit dem Gelände geschehen kann. Allein die Taten, sie fehlen. Noch.

Aber macht es wirklich Sinn, der Vergangenheit nachzutrauern? Peter Schoer lächelt, mehr ist ihm zu diesem Thema nicht zu entlocken. Dann nimmt er sein Fahrrad und macht sich einmal mehr auf den Weg. Vor sich das eisgraue Meer, das weite Vorland, der hohe Himmel – und ein Deich voller Schafe. Peter Schoer winkt zum Abschied, und dann tritt er gegen den Wind fest in die Pedale.

Die ODIN I auf voller Fahrt.

Sonnenuntergang hinterm Schleppnetz der ODIN I

EIN SCHAF FÄLLT UM

Schafe sind Tiere mit sehr bemerkenswerten Eigenschaften. Sie sind sanft, meist auch im Umgang miteinander, sie sind soziale Herdenwesen, aber vor allem sind sie im Vergleich zu anderen Nutztieren ziemlich autark. Sommers wie winters verbringen sie den lieben langen Tag mit Fressen und Wiederkäuen.

Die Wolle der Schafe sorgt im Sommer für den Temperaturausgleich, im Winter wärmt sie die Tiere. Schafe können sich sogar bei moderaten Minustemperaturen draußen aufhalten, denn ihre Wolle und das darin enthaltene Wollfett Lanolin halten sie warm, weder Kälte noch Regen dringen bis auf ihre Haut vor. Wer zum ersten Mal in die Innenseite des frisch abgeschorenen Schafvlieses fasst, zieht seine Hand erschrocken weg, denn dieses Vlies ist richtig, richtig warm, die Temperatur liegt deutlich über der menschlichen Körpertemperatur. Schwieriger jedoch als Kälte sind extrem schlammige Böden für die Schafe.

Wenn ein Schaf humpelt, kann das viele Gründe haben und es bedeutet nicht automatisch, dass der Tierarzt kommen muss. Vielleicht hat das Schaf sich einfach nur vertreten.

Wenn ein Schaf in eine Kuhle rutscht, kann es sich manchmal nicht mehr ohne menschliche Hilfe aufrichten.

Oder es dauert ein paar Tage, bis eine Behandlung greift. Es kann aber auch sein, dass die Klaue über die Sohle zu wachsen beginnt. Das kann der Schäfer mit einem einfachen Schnitt des Klauenmessers beheben.

Grundsätzlich kann man getrost davon ausgehen, dass ein Schäfer ein großes Interesse daran hat, seine Tiere gesund zu erhalten. Die meisten Schäfer hängen an ihren Tieren und wollen gut für sie sorgen. Aber selbst, wenn ein Schäfer der allerletzte, herzloseste Mensch sein sollte: Jede Krankheit, die vom Tierarzt behandelt, und jedes Lamm, das nicht geboren wird, schmälert seinen Verdienst.

Doch es gibt eine Situation, in der das Schaf ganz dringend auf Hilfe angewiesen ist. Nicht nur seines Schäfers, sondern aller Menschen. Dann nämlich, wenn es sich hingelegt hat und nicht mehr hochkommt. Das geschieht besonders häufig während der Trächtigkeit.

Der Boden der Deiche und Weiden ist nicht glatt und eben, sondern es gibt Rillen und Vertiefungen. Anders als der Mensch beim Ausbreiten seines Badetuchs kontrolliert das Schaf nicht den Untergrund, bevor es sich hinlegt. Deshalb kommt es gar nicht so selten vor, dass ein Schaf beim Versuch aufzustehen in eine dieser Kuhlen rutscht und alleine nicht mehr hochkommt. Mit zappelnden Beinen versucht es sich zu drehen, aber das gelingt nicht immer.

Dann ist der Mensch gefragt: Auf dem Rücken zu liegen bekommt dem Schaf nicht gut. Der Schäfer schaut zwar mindestens einmal am Tag nach seinen Tieren, aber selbst dieses Zeitfenster kann zu groß sein. Denn wenn die Schafe liegen, beginnt das Grünfutter in ihren Mägen zu gären, durch die Gase dehnen sich die Mägen aus, drücken auf andere Organe und beeinträchtigen die Blutzirkulation. Im schlimmsten Fall stirbt das Schaf an einem Kreislaufversagen. Bis dahin hat es aber schon mindestens zwölf Stunden vergeblich versucht, wieder auf die Beine zu kommen.

Es ist eigentlich ganz einfach, ihm zu helfen. Deshalb gibt es hier eine sehr detaillierte Schritt-für-Schritt-Anleitung und eine unmissverständliche Warnung: Eingezäunte Weiden sind Privatbesitz und es ist keine gute Idee, einfach über einen Zaun zu klettern, um sie zu betreten. Es kann sogar ausgesprochen gefährlich sein, wenn beispielsweise Böcke auf der Weide stehen – und gerade die jungen Böcke können aggressiv werden, wenn sich ein Mensch der Herde nähert. Auf dem Deich ist es dagegen fast immer eine gute Idee, einem liegenden Schaf auf die Beine zu helfen.

1. Liegt das Schaf mit hochgereckten Läufen auf dem Boden ist es sinnvoll, sich ihm erst einmal vorsichtig zu nähern. Schafe sind Fluchttiere. Vielleicht mobilisiert das Schaf angesichts eines sich nähernden Menschen seine letzten Kräfte und schafft es von alleine wieder auf die Beine: Prima, alles erledigt.

2. Das Schaf bleibt liegen: Vielleicht liegt schon ein kleiner Hügel an Schafskötteln an seinem Po, vielleicht hat es mit seinem hin- und her schlagenden Kopf schon einen Kreis in den Boden geschabt: Dann wird es wirklich allerhöchste Zeit.

3. Jetzt ist wichtig: Von den Beinen wegbleiben. Mit wild tretenden Läufen versucht ein Schaf, vor einem Fremden zu flüchten. Schafe haben Kraft, das darf man nicht unterschätzen. Von den Beinen sollte man also unbedingt fernbleiben. Aber das Schaf hat ja noch eine andere Seite.

4. Ins Rückenfell fassen: Keine Angst, das tut dem Schaf nicht weh. Zum Aufrichten kann man dem Schaf beherzt mit beiden Händen ins Rückenfell fassen und es mit Kraft und Schwung nach oben ziehen. Wer das erste Mal ein Schaf berührt, ist überrascht. Seine

Alles wieder gut. Die Schaffamilie zieht ihrer Wege.

Wolle ist nicht kuschelig und weich, sondern sehr kompakt und fast hart. Grund dafür ist das Lanolin, das Schafsfett, das die Tiere widerstandsfähig gegen äußere Einflüsse macht. Die Wolle ist gestapelt, so nennt es der Fachmann und das bedeutet, dass die Wolle eine geschlossene Fläche bildet und schön griffig ist. Fasst man die Wolle an, bleibt auf den Händen das Lanolin als fettige Schicht zurück, aber das ist nichts Ekliges, kein Dreck, sondern ein Naturprodukt, für das andere Menschen richtig Geld bezahlen. Nun ja, wenn es in Tiegel oder Tuben abgepackt ist.

5. Zurück zum liegenden Schaf: Wenn es sich mit menschlicher Unterstützung aufrichten konnte, wird es rasch das Weite suchen. Vielleicht ist dem Schaf aber auch noch ein bisschen schwummerig. Es kann sein, dass es ein paar Momente braucht, um sich zu erholen.

Auch nach mehrmaligen Versuchen gelingt es nicht, das Schaf wieder aufzurichten? Eine Standardlösung gibt es für diesen Fall nicht. Was zu tun ist, hängt davon ab, ob andere Menschen in der Nähe sind oder die Herde, zu der dieses Schaf gehört, in der Nähe eines Bauernhofes weidet.

Liegt ein Schaf hilflos auf dem Rücken, gibt es nur eines, das so falsch ist, dass man es wirklich nie, nie, nie machen darf: Weitergehen und das Schaf seinem Schicksal überlassen. Bei einer Weide hilft ein genauerer Blick: Oft gibt es ein Schild, auf dem die Telefonnummer des Schäfers vermerkt ist. Oder man geht zum nächstgelegenen Haus und klingelt. Auf dem Land wissen die Nachbarn fast immer, wer seine Schafe auf den angrenzenden Weiden stehen hat.

MIT TORSTEN BÄHRS AUF DEN WINTERWEIDEN

Ende August geht es los. Dann beginnt in Dithmarschen die Kohlernte. Nirgendwo sonst in Deutschland wird so viel Kohl angebaut, rund 80 Millionen Kohlköpfe werden im Jahr geerntet. Obwohl Kohl im Vergleich zu Weintrauben ein eher prosaisches Gewächs ist, ähnelt sich doch die Grundstimmung von Kohlernte und Weinlese. Alle Kräfte werden auf diesem Höhepunkt des Anbaujahres gebündelt. Wie bei der Weinlese gehört auch zur Kohlernte viel Handarbeit. Und Geschick braucht es obendrein.

Zunächst einmal fährt der Bauer mit seinem Trecker nebst Anhänger auf sein Kohlfeld. Höchste Anerkennung verdient dabei, wer sein Gespann manövrieren kann, ohne allzu viele Kohlköpfe zu überrollen. Steht der Trecker bereit, sind die Erntehelfer an der Reihe. Mit einem scharfen Messer schneiden sie den Kohl vom Strunk und werfen den fußballgroßen Kohlkopf, der bis zu dreieinhalb Kilo schwer werden kann, dem Kollegen auf dem Anhänger zu. Der verstaut ihn in den mindestens einen Raummeter großen, stapelbaren Kohlkisten. Auf dem Feld übrig bleiben der harte Strunk und die äußeren Kohlblätter.

Die Kohlernte ist eine körperlich sehr anstrengende Arbeit. Aber in den ersten Wochen scheint oftmals noch die Sonne, es ist warm, die Erntehelferinnen tragen Kopftücher und die Männer lassen im Unterhemd die Muskeln spielen. Ein Erntetag ist lang, er beginnt in der Morgendämmerung und endet erst nach acht oder neun Stunden, spätestens wenn es dunkel wird ist Feierabend. Werden die Tage im Herbst kürzer, wird im Licht der starken Traktorscheinwerfer gearbeitet.

Ende September feiert Dithmarschen seinen Kohl mit einem großen Fest. Die Ernte ist zu diesem Zeitpunkt aber noch längst nicht vorbei und mit jeder Woche, die vergeht, wird die Arbeit für die Bauern und ihre Erntehelfer anstrengender. Im November und Dezember ist es meistens richtig kalt. Es regnet häufiger und selbst, wenn sich die Leute während eines Regengusses unterstellen, dringt doch die Feuchtigkeit durch alle Ritzen des Ölzeugs und macht das Schneiden des Kohls zu einer Plackerei. Alle warten darauf, dass es endlich vorbei ist mit der Arbeit auf dem schlammigen Boden, der schwer an den Gummistiefeln hängt und jeden Schritt unendlich mühsam werden lässt.

Jan Jäger hat seine Ausbildung zum Schäfer oder, wie es richtiger heißt, zum Tierwirt in der Richtung Schafhaltung, bei Torsten Bährs gemacht.

Auch wenn es hier nicht so aussieht: Die Schafe schätzen Rot- und Weißkohl gleichermaßen.

Kurz vor Weihnachten, mit der Ernte des letzten Rosenkohls, ist es dann soweit. Die Kohlernte ist abgeschlossen. Nur nicht für die Schafe, die stehen noch immer auf den Kohlfeldern und erledigen ihre Arbeit.

Im Frühherbst hat Torsten Bährs die ersten kleineren Herden auf die abgeernteten Felder der benachbarten Kohlbauern getrieben. Dort stehen sie auf einem Teppich aus Kohlblättern, grünen und tiefdunkelblauen, und fressen mit stoischer Geduld ein Blatt nach dem anderen. Und was am Anfang kaum möglich erschien, tritt doch noch ein: Irgendwann ist der Kohlacker tatsächlich kahlgefressen, nur noch die Strünke stehen und auch die zernagen und zerkauen die Schafe, bis nur noch zerfaserte Reste zu sehen sind. „Im Strunk stecken die meisten Nährstoffe, das tut den Schafen gut", weiß Torsten Bährs. Wenn alles abgefressen ist, treibt er seine Schafe auf das nächste Feld.

In der Marsch ist der Kohl das Winterfutter der Schafe, doch die Kohlreste reichen bei weitem nicht für alle. Deshalb kommt der größte Teil der Schafherden mit dem Beginn des Winters auf die Winterweiden der Geest. Herde für Herde lädt auch Torsten Bährs seine Schafe auf den großen Anhänger, pro Fuhre kann er damit 60 Schafe transportieren, und dann tuckert er mit dem Traktor die rund 30 Kilometer bis zur Geest, wo seine Tiere seit Generationen den Winter verbringen.

Den Nutzen einer Beweidung durch Schafe und Rinder haben beide, der Schäfer und der Bauer. Im Sommer stehen die Kühe der ortsan-

Eigentlich könnte sich Torsten den Weg über die schlammigen Felder sparen. Wenn es einem Schaf nicht gut geht, ist die gesamte Herde unruhig und das erkennt ein erfahrener Schäfer schon aus einiger Entfernung.

sässigen Bauern auf den Geestweiden und fressen das saftige Frühjahrs- und Sommergras. Doch den Rindern wird es im Winter draußen zu kalt, ab Ende Oktober/Anfang November werden sie in den Stall getrieben und verbringen dort die kalten, feuchten Wochen. Unterdessen wächst das Gras weiter, langsam zwar, aber es wächst. Wenn dann Schnee auf das höherstehende Gras fällt, drückt er die Halme nieder und unter der feuchten Schneeschicht beginnt das Gras zu faulen. Dadurch wird für die Rinder der Start in die nächste Weidesaison schwierig. Unter der matschigen, fauligen Schicht regt sich kaum neues Grün und fressen möchten sie die verrottende Pampe auch nicht. Aber zum Glück gibt es ja die Schafe. Denn die sind weniger empfindlich als Kühe. Ihre warme Wolle schützt sie vor Kälte und Nässe, nichts davon dringt bis auf ihre Haut. Ihnen ist es nicht kalt, ganz im Gegenteil. Unter der Wolle haben sie es richtig muckelig warm. Auch an ihren Beinen frieren sie kaum. Selbst bei den Rassen mit nackten Beinen reicht die Winterwolle immerhin bis über die Knie, zum anderen reduziert der Körper die Durchblutung der unteren Läufe auf ein Minimum, dadurch geht nicht allzu viel Wärme über die Beine verloren. Sie laufen etwas stakseliger, die Winterschafe, und es braucht etwas länger, bis bei Gefahr die Blutzirkulation wieder so weit aktiviert ist, dass sie flüchten können. Aber im Normalfall, bei einem normalen Alltag auf der Winterweide, geht

Weil die Gräser im Winter nur sehr langsam oder gar nicht wachsen, müssen die Schafe etwa alle zwei Wochen auf eine neue Weide umziehen.

es den Schafen auch im Winter gut. Doch was ist schon normal in diesen Tagen, seit der Wolf nach Dithmarschen zurückgekehrt ist?

Schon 2018 hat es auf der Geest Wolfsrisse gegeben. Bisher war keines der Tiere der Schäferei Bährs betroffen, aber Torsten Bährs hat sie bei seinen Kollegen gesehen, die grausig zugerichteten Schafe, die ja im Winter fast alle trächtig sind, und vom Tierarzt erfahren, wie schwierig das Einschläfern eines verletzten Tieres wird, wenn die Blutgefäße am Hals verletzt sind. Nein, dem wollte er seine Tiere nicht aussetzen, ganz sicher nicht, und auch seine Familie sollte nicht die Belastung erleben müssen, die es bedeutet, die Tiere der eigenen Herde verenden zu sehen. Doch was konnte er tun?

Dass der Wolf im Frühjahr aus Dithmarschen verschwand und es den ganzen Sommer über keine Wolfsrisse mehr gab, machte die Entscheidung nicht einfacher. Sollten sie sich nun auf Wölfe einstellen oder nicht? Nach langen Diskussionen waren sich die Bährs einig: Sie würden sich darauf vorbereiten, dass der Wolf im Winter wieder auf die Geest kommen würde. Ihre Lösung bestand darin, einige Absprachen zu treffen und dann richtig viel Geld in die Hand zu nehmen. Schon in den Vorjahren hatten sie kleinere Flächen als Ausweichweiden mit Wintergras eingesät. In diesem Jahr sollte alles eine Nummer größer werden. Torsten Bährs bestellte 30 Kilo Grassamen pro Hektar Fläche, kaufte 2.000 Liter Diesel zusätzlich ein, mietete zwei Wochen lang einen großen Trecker, und

Es dauert eine Weile, aber dann bleiben auf den abgeernteten Kohlfeldern nur noch die ausgekauten Strünke übrig.

dann legte er los, säte winterfesten Grassamen auf den abgeernteten Getreide-, Raps- und Rübenfeldern seiner Nachbarn aus. 120 Hektar Land hat er auf diese Weise besät, immer mit dem Risiko im Nacken, völlig sinnlos eine Menge Geld und Arbeit in den Sand gesetzt zu haben.

Zunächst blieb es ruhig im Hinterland der Küste. Torsten Bährs brachte seine Schafe wie jedes Jahr auf die Winterweiden und besprach mit den Bauern, auf welchem Weg die Herden weiterziehen würden, um bis zum Ende des Winters die Flächen beweidet zu haben. Alles ging seinen gewohnten Gang, er zäunte seine Herden mit einer stromführenden Litze ein und plante, in ein bis zwei Wochen mit ihnen auf neue Weiden zu wechseln. Unterdessen wuchs entlang der Küste auf den 120 Hektar zusätzlicher Fläche das Gras.

Dann kam der Wolf. Und er wütete heftig.

Innerhalb weniger Tage wurden aus der Herde eines einzigen Schäfers über 40 Tiere gerissen oder mussten nach Wolfsattacken eingeschläfert oder notgetötet werden. Torsten Bährs konnte sich an den Fingern einer Hand ausrechnen, wie lange es dauern würde, bis auch er eines Morgens auf die Weide kommen und vor toten und verletzten Schafen stehen würde. Deshalb holte er seine Tiere nach wenigen Tagen auf den Winterweiden wieder zurück an die Küste. Zu fressen haben sie genug. Noch sind die letzten Kohlfelder nicht kahl. Auf den Feldern, wo der Hafer stand, sind aus den zu Bo-

Es ist noch nicht ganz hell, da bricht Hannes Bährs schon mit dem Quad auf, um die Litzen für eine neue Weide zu ziehen.

den gefallenen Körnern neue Halme gesprossen. Und dann gibt es ja auch das Grasland. Torsten Bährs könnte sich eigentlich freuen, dass er die richtige Entscheidung getroffen hat. Tut er aber nicht.

Er hat einfach nur Glück gehabt, findet er. Es hätte genauso gut anders kommen können und dann hätte er zehntausende Euro einfach in den Sand gesetzt. Die anderen Schäfer, die keine Grasweiden angelegt haben, haben nun hohe Ausgaben. Denn die von der Landesregierung geförderten Zäune bieten keinen hinreichenden Schutz, das haben die Erfahrungen in der Praxis gezeigt. Deshalb haben auch sie ihre Schafe von der Geest zurückgeholt und bringen sie auf den deichnahen Flächen oder im Stall unter. Das hatten sie so nicht vorgesehen und müssen nun Futter zukaufen – mal ganz abgesehen davon, dass sich Schafe im Stall längst nicht so wohl fühlen wie in der frischen Luft und zu Krankheiten neigen, wenn sie über einen längeren Zeitraum eingepfercht sind.

An der täglichen Arbeit auf dem winterlichen Hof hat sich für Torsten Bährs durch die Verlegung der Schafe nicht viel geändert. Er muss ein paar Kilometer weniger fahren, das ist eigentlich schon alles. Aufgeteilt in kleinere Herden von rund 100 Tieren stehen die trächtigen Schafe nun auf den letzten Kohlfeldern, den Haferfeldern und den neu angelegten Wiesen. Kontrolliert werden die Herden täglich, bei dieser Aufgabe wechseln sich Torsten Bährs, sein Vater Reimer und sein Sohn Hannes ab.

Torsten Bährs auf seinen Kontrollfahrten zu begleiten, ist wie die Teilnahme an einer Orientierungsfahrt. Er kennt wirklich jeden Wirtschaftsweg und jeden Feldweg. Kreuz und quer kurvt er durchs südliche Dithmarschen. Von Neufelderkoog nach Marne, rüber nach Brunsbüttel, zurück über Volsemenhusen, fast bis nach St. Michaelisdonn, rüber nach Helse und dann über Kronprinzenkoog wieder zurück nach Neufelderkoog. In seinen Gummistiefeln stapft er über jedes Feld auf die beieinanderstehenden Schafe zu. Wenn er weniger sorgfältig wäre, könnte er sich diesen Weg eigentlich sparen. Denn ein erfahrener Schäfer kann schon aus einiger Entfernung erkennen, ob es seiner Herde gut geht. Ein einziges Schaf, das nicht wohlauf ist, versetzt die ganze Herde in Nervosität. Aber alles ist gut, kein Schaf humpelt – sein Klauenmesser hat Torsten Bährs zur Sicherheit immer dabei.

An einem sonnigen Wintermorgen steht Torsten Bährs auf der Weide, nachdem er seine letzte Herde kontrolliert hat. Allen seinen Schafen geht es gut. An den schattigen Stellen liegt der Raureif wie ein zartes Tuch über den Halmen. Die Sonne wird bald höhersteigen, aber noch verbreitet sie das orangefarbene Licht eines frühen Wintermorgens an der See. Torsten Bährs streckt den Rücken. Es dauert nicht mehr lange, dann wird er seine Schafe zu sich auf den Hof holen, damit sie im Stall ihre Lämmer bekommen können. Das nächste Jahr wird beginnen.

SCHAFE UND WÖLFE

VERANTWORTUNG FÜR DAS LEID DER SCHAFE

Sobald Andreas Hadenfeldt auf der Krone des Eiderdeichs erscheint, setzt sich die Schafherde in Trab. Nicht nur, weil die Schafe ihren Bauern schätzen, sondern auch, weil er den Eimer schüttelt, in dem er ihnen Kraftfutter mitgebracht hat. Ein Schaf zieht die Aufmerksamkeit auf sich, sein Anblick irritiert, doch erst beim zweiten Hinsehen wird der Grund dafür deutlich: Es hat nur ein Ohr. Dort, wo das linke Ohr sein sollte, klafft eine Lücke. „Das ist mein Einohrschaf", sagt Andreas Hadenfeldt und klopft ihm auf die Schulter. „Ein Kämpfer und Überlebenskünstler wie keine Zweite."

Im Frühjahr 2017 zog ein Goldschakal durch das Gebiet, in dem Andreas Hadenfeldt seine Tiere auf den Weiden stehen hat. Der Goldschakal ähnelt dem Wolf, ist aber kleiner, er liegt in der Größe etwa zwischen einem Wolf und einem Fuchs. Beheimatet ist der Goldschakal in Südosteuropa, aber einzelne Tiere ziehen durchaus Richtung Norden und dieser eine hatte es sogar bis nach Schleswig-Holstein geschafft. Aber davon ahnte Andreas Hadenfeldt noch nichts, als er eines Morgens im Frühsommer auf die Weide kam und statt zufrieden grasender Schafe die Spuren eines Gemetzels vorfand. Hatte ein Beutegreifer seine Herde heimgesucht? Ein Schaf, ein Jahr war es nur alt geworden, hatte sich unter dem Stacheldrahtzaun hindurchgezwängt, war dabei in den wassergefüllten Graben gerutscht und ertrunken. Eines seiner beiden Lämmer lag tot auf der Wiese, gerissen von einem Hund oder Wolf, wie Andreas Hadenfeldt zunächst vermutete. Das andere Lamm kauerte auf dem toten Körper seiner Mutter, der fast vollständig in Schlamm und Wasser versunken war. Dort hatte es viele Stunden ausgeharrt. Es war offensichtlich schwer verletzt. Aber es lebte.

Gut stünden die Chancen für sein Überleben nicht, sagte der Tierarzt, vielleicht 50 Prozent, vielleicht weniger. Einschläfern sei durchaus eine realistische Option. Dem Lamm war das linke Ohr abgerissen worden und auch auf der Hinterhand hatte es tiefe Bissverletzungen. „Aber ich kann doch ein Tier, dass sich mit so viel Mumm ans Leben klammert, nicht einfach einschläfern lassen", fand Andreas Hadenfeldt und entschied sich für die aufwändige Behandlung.

Das Lamm hat überlebt, ist zu einem Schaf herangewachsen und läuft ohne Beeinträchtigungen in der Herde mit. „Nur bei Regen schüttelt es etwas häufiger den Kopf als die anderen Schafe", sagt Andreas Hadenfeldt. „Glaube ich wenigstens."

Kurze Zeit nach dem Tierarzt traf seinerzeit auch der Wolfsbeauftragte des Landes auf der Weide ein. Viele Spuren ließen auf einen Wolf als Verursacher der gerissenen Schafe schließen. Die Pfotenabdrücke waren kleiner und entsprachen nicht dem Schrittbild eines Wolfes. Denn Wölfe schnüren in einer geraden Linie. Anders als unsere Haushunde legen sie große Strecken auf energiesparende Weise zurück, indem sie die Hinterpfoten in die Abdrücke der Vorderpfoten setzen. Sind Rudel unterwegs, nutzen oft alle Tiere nacheinander die Spuren des Leit-

Es fällt erst auf den zweiten Blick auf: Als es noch ein Lamm war, hat ein Goldschakal diesem Schaf ein Ohr abgebissen. Die farbigen Markierungen auf seiner Stirn bedeuten, dass ihm kürzlich die Klauen geschnitten wurden und es seine Medizin gegen Parasiten erhalten hat.

wolfes. Über kurze Strecken können auch Hunde schnüren, deshalb ist erst eine Schnürspur von einer Länge über zehn Metern ein eindeutiges Indiz für einen Wolf – oder ein Wolfsrudel. Auf Andreas Hadenfeldts Weide gab es keine Schnürspuren. Der Wolfsbeauftragte nahm die Kadaver der gerissenen Tiere mit, um sie auf DNA-Spuren untersuchen zu lassen.

Es war eine schwierige Zeit für Andreas Hadenfeldt. Jedes Mal, wenn er sich aufmachte, um nach seinen Herden zu schauen, fürchtete er, wieder auf gerissene oder verletzte Schafe und Lämmer zu stoßen. Wenn er sich abends aufs Sofa setzte, kam er nicht zur Ruhe, weil er sich um seine Tiere sorgte und sich fragte, ob sie möglicherweise gerade jetzt, in diesem Moment, seine Hilfe brauchten. Wachte er nachts auf, konnte er nicht wieder einschlafen. „Ich glaube nicht, dass ich das lange ausgehalten hätte." Aber es folgten keine weiteren Attacken. Der Goldschakal war weitergezogen. Oder verunglückt. „Wer weiß das schon."

Dass der Angreifer ein Goldschakal gewesen war, erfuhr Andreas Hadenfeldt erst zwei Monate später, nach Abschluss der DNA-Untersuchungen. Da war schon wieder Ruhe eingekehrt. Doch die währte nicht allzu lange. Denn im Herbst des Jahres 2018 kam der Wolf an die Eider.

Andreas Hadenfeldt hat auf einigen beruflichen Stationen Wissen und Erfahrung gesammelt, bevor er den elterlichen Hof übernahm. Nach seiner Ausbildung zum Landwirt besuchte er zunächst die Fachschule für Landwirtschaft. Um direkt nach dem Abschluss den Hof der Eltern zu übernehmen, war er zu diesem Zeitpunkt einfach noch zu jung – und seine Eltern auch. Dazu kam die schwierige Situation der Landwirtschaft in den 80er Jahren. Vieles war unklar damals, eine Zukunftsperspektive kaum auszumachen. Deshalb machte Andreas Hadenfeldt zunächst einmal das Abitur. Den Zivildienst absolvierte er bei den Schutzstation Wattenmeer, in den Stationen in Friedrichskoog und Büsum. Die tägliche Arbeit in der Natur vertiefte sein Interesse, darüber wollte er mehr wissen. Er studierte an der Universität Hamburg Biologie, seine Hauptfächer waren Bodenkunde und Botanik, sein Nebenfach Naturschutz und die Diplomarbeit schrieb er auf dem heimatlichen Hof über Bodenkunde und Vegetationskunde in der Eiderniederung unter besonderer Berücksichtigung der Weidetierhaltung. Nach dem Abschluss arbeitete er ein halbes Jahr beim Bündnis Naturschutz in Dithmarschen. „Aber immer nur im Büro zu sitzen, das war nichts für mich." Viele Jahre waren seit seiner Ausbildung vergangen und es kam zum nächsten folgerichtigen Schritt: Er übernahm den Hof der Eltern in St. Annen.

Der Wissenschaft ist er bis heute verbunden, denn durch die Art der Bewirtschaftung seiner Ländereien gehört sein Hof zu einem naturwissenschaftlichen Forschungsprojekt. Vier Mal im Jahr besuchen ihn Biologiestudenten der Universitäten Hamburg und Berlin für jeweils einwöchige Seminare zu Bodenkunde, Landwirtschaft und Naturschutz.

Wenn Andreas Hadenfeldt über Wölfe nachdenkt und spricht, dann nicht nur als betroffener Schäfer, sondern auch als Wissenschaftler, und da setzt er an einer ganz anderen Stelle an: „Der Wolf steht wie der Mensch an der Spitze der Nahrungskette. Heute werden Maßnahmen ergriffen, um den Wolf zu schützen. Dabei wäre es viel wichtiger, Boden, Luft und Wasser gesund zu halten, um vielen Tieren ein Leben – ihr Überleben – zu ermöglichen." Denn wenn die Voraussetzungen stimmen, kann die Natur sich selbst regenerieren. Dann bietet sie Lebensraum für eine Vielzahl von Tieren, angefangen beim kleinsten Insekt über zahlreiche Vogelarten bis hin zu wildlebenden Luchsen. Hinter all dem steht die grundsätzliche Frage: Wollen wir in Deutschland eine extensive Kulturlandschaft mit großer Artenvielfalt erhalten, in der regionale Lebensmittel hergestellt werden können, oder wollen wir eine Wildnis schaffen, in der sich große Beutegreifer frei bewegen dürfen?

Andreas Hadenfeldt betreibt auf allen seinen Flächen Vertragsnaturschutz, seit über zehn Jahren macht er das. Das bedeutet, er bewirtschaftet seine Böden komplett ohne Düngung und ohne Pflanzenschutz. Durch seine Spezialisierung auf Bodenkunde weiß er, dass sich die Art der Bewirtschaftung, wie sie auf seinen Ländereien funktioniert, auf andere Regionen nicht so einfach übertragen lässt: „Das funktioniert nur in der Marsch, wenn sie beweidet wird, weil hier der Boden auf natürliche Weise viele Mineralien enthält. Damit kannst du ein paar hundert Jahre auskommen, bevor der ausgelaugt ist." Die Marschböden an der Eider sind erst nach der letzten Kaltzeit vor rund 12.000 Jahren entstanden. Der Boden auf dem Geestrücken entstand erdgeschichtlich betrachtet zwar nur geringfügig früher, besteht jedoch zum großen Teil aus den Überresten der Endmoränen von Eiszeitgletschern und hat damit eine andere Zusammensetzung als der Marschboden. „Der Geestboden ist sandiger und im Sand sind sehr viel weniger Nährstoffe gebunden."

In den vergangenen Jahrzehnten hat Andreas Hadenfeldt erlebt, wie sich der Naturschutz weiterentwickelte. Während man in den 80er Jahren noch glaubte, für die Natur sei es das Beste, Flächen brachliegen und sich zu einer Wildnis zurückentwickeln zu lassen, weiß man heute, dass dieser Weg zwar wenig Mühe macht, aber nicht zu einer größeren Artenvielfalt beiträgt. Eine extensive Landwirtschaft, die so wenig wie möglich in die natürliche Entwicklung von Nutzpflanzen und Weiden eingreift, bringt den größtmöglichen Vorteil und ist ein Garant für große Artenvielfalt. Auf diese Weise entstehen beste Lebensbedingungen für Insekten und Vögel. Erklärtes Ziel im Naturschutz ist es heute, zu einer Flächenbewirtschaftung zurückzukehren, wie sie in den 50er und zu Beginn der 60er Jahre in Deutschland noch üblich war. Erst danach setzte eine Industrialisierung der Landwirtschaft ein. Mit Hilfe von differenziert wirksamen Düngemitteln und Schädlingsbekämpfungsmitteln gelingt es seither, Monokulturen zu etablieren, die den Böden eine immer höhere Effizienz abtrotzen. Doch auf lange Sicht gesehen, führt dieser Weg in die Irre.

Warum die extensiven Bewirtschaftungsmethoden besser sind, kann Andreas Hadenfeldt Tag für Tag auf seinen Weiden sehen. Bei ihm stehen Rinder und Schafe gemeinsam auf der Koppel, wie es vor einem halben Jahrhundert noch überall üblich war. Rund 20 Rinder und 220 Schafe gehören zu seinem Hof, daneben übernimmt er etwa 450 Rinder anderer Bauern zur Weidemast. Extensiv bewirtschaftet stehen nicht mehr als vier Rinder auf einem Hektar Fläche. Und die fressen, zusammen mit den

Schafen, das Gras ja nicht so gleichmäßig ab wie ein Rasenmäher, der die Halme mit einem Messer auf einer Höhe abschneidet. Sondern sie fressen an unterschiedlichen Stellen. Und sie lassen immer mal wieder einen Fladen fallen. Darauf stürzen sich die Insekten, viele Insekten, die zersetzen den Dung, legen aber auch ihre Eier dort ab. Die Maden, die sich daraus entwickeln, dienen wiederum vielen Vögeln als Nahrung. Überdies ist dort, wo Kuhfladen oder auch Schafsköttel liegen, der Stickstoffgehalt des Bodens deutlich höher. Auch dadurch ist eine Weide sehr viel mehr als eine langweilige Rasenfläche. Auf Andreas Hadenfeldts Weiden wachsen viele unterschiedliche Gräser und Kräuter, und sie sind unterschiedlich hoch. Diese variable Umgebung brauchen die meisten Insekten und Vögel: „Auf den Kurzflächen können sie sich in der Sonne trocknen und aufwärmen, das nutzen vor allem die Vogelküken, und in den Flächen mit höherstehendem Bewuchs können sie sich verstecken."

Viele Insekten sind für ihr Gedeihen auf Blütenpflanzen und Kräuter angewiesen. Wo Böden zur Erzeugung von Biogas genutzt werden,

Seit über zehn Jahren betreibt der Diplom-Biologe Andreas Hadenfeldt auf seinen Flächen Vertragsnaturschutz, von dem Sinn und Zweck einer extensiven Bewirtschaftung hat ihn seine Erfahrung überzeugt.

wächst zwar noch Gras, das als Grünschnitt verwendet wird, aber Biogas braucht keine Blüten – und die Insekten verschwinden. Dabei sind nicht nur die Maden, sondern auch die Insekten eine wichtige Grundlage für den nächsten Schritt der Entwicklungs- und Nahrungspyramide: Ohne Insekten gibt es keine Vögel.

Erst seit wenigen Jahren ist diese Erkenntnis zu einem Teil der öffentlichen Wahrnehmung geworden. Viele Menschen setzen sich sehr engagiert für Bienen ein, in Bayern beispielsweise war ein Volksbegehren zum Schutz der Bienen erfolgreich. Selbst Landwirte, die ihr Land konventionell bewirtschaften, legen an den Rändern ihrer Felder Blühstreifen für Insekten an. Dass bei Zählungen festgestellt wurde, wie dramatisch die Anzahl und die Vielfalt der heimischen Vögel zurückgegangen ist, löst Besorgnis aus. Dabei gibt es auch Tierarten, die mit der einseitigen, Insekten und Vögel nicht explizit schützenden Landwirtschaft gut zurechtkommen. Denn Rehwild, Tauben und Fasane können sich notfalls auch von Getreide ernähren, Füchse profitieren von den Mäusen, die sich in den Getreidefeldern ansiedeln. Verlierer der Monokultur sind dagegen Rebhuhn, Kiebitz und Feldlerche, aber auch der Feldhase. Unter verbesserten Lebensbedingungen könnte sogar die Uferschnepfe, ein großer Wattvogel, der in Deutschland, aber auch international auf der

roten Liste steht, an der Eider heimisch werden – sie ernährt sich hauptsächlich von Insekten, Spinnen und Würmern.

Auf seinen eigenen Flächen erlebt Andreas Hadenfeldt, dass die Landwirtschaft andere Lebewesen nicht zwangsläufig aus ihren Lebensräumen verdrängen muss. Auf seinen Weiden sind viele Insekten und Vögel heimisch.

Andreas Hadenfeldts Beobachtungen und Dokumentationen fließen zusammen mit den Beobachtungen anderer Landwirte, die in den Naturschutz eingebunden sind, in die Weiterentwicklung einer gesunden, nachhaltigen Nutzung der Natur ein. So hat sich beispielsweise gezeigt, dass Zäune nicht immer die Ultima Ratio sind. Viele Jahre lang schien es ein unverrückbares Gebot: Weiden werden eingezäunt. Basta. Und hinter dem Zaun liegt der Entwässerungsgraben, an der Eider hoch bewachsen mit dem Schilf, das im Brackwasser gedeiht. Nochmal basta.

Wenn jedoch die Rinder auf einer Seite den Bewuchs der Entwässerungsgräben kurzhalten, entstehen dadurch Flächen, die kleine Wiesenvögel für ihre Nester und die Aufzucht ihrer Jungen brauchen. Der Effekt ist so enorm, dass die Bildung von größeren Weidezellen ohne Zäune zum erklärten Ziel des Naturschutzes an der Eider wurde. Bisher.

Denn seit der Wolf in Schleswig-Holstein auftauchte, ist alles anders. Jetzt sollen alle Landwirte, die ihre Tiere draußen stehen haben, Wolfsschutzzäune errichten. Die Behörde, die diese Forderung stellt, ist beim gleichen Ministerium angesiedelt wie die Naturschutzbehörde: Es ist das Ministerium für Energiewende, Landwirtschaft, Umwelt und ländliche Räume in Kiel. Daher sieht sich Andreas Hadenfeldt und mit ihm auch alle anderen Bauern und Schäfer mit zwei widersprüchlichen Forderungen aus dem gleichen Hause konfrontiert.

Aus Sicht des Naturschutzes macht es Sinn Zäune abzubauen. Aber Schäfer, deren Tiere auf einer Weide und nicht auf einem Deich stehen, werden nach einem Wolfsriss nur entschädigt, wenn sie zuvor ihre Herden durch wolfssichere Zäune geschützt haben. Auf der Homepage des Landes Schleswig-Holstein steht, wie ein solcher wolfssicherer Zaun auszusehen hat. „Standardschutz Litzenzäune: Als wolfssicher geltende Litzenzäune sollten eine Mindesthöhe von 100 cm, besser 120 cm aufweisen und über mindestens 4, besser 5 Litzen verfügen. Die Litzen sollten einen Abstand von 20 - 30 cm zueinander betragen. Der Abstand der untersten Litze zum Boden und der ersten zur zweiten Litze sollte dabei nicht mehr als 20 cm betragen." Alternativ können auch Elektronetze mit einer Stromversorgung von 3000, besser noch 5000 Volt und einer Mindesthöhe von 106 cm gezogen werden.

Mit vielen Fragen rund um die Wolfsschutzzäune werden die Schäfer alleine gelassen. Wie, fragt sich auch Andreas Hadenfeldt, soll er seine Weiden wolfssicher machen? Seine Schafe stehen ja nicht alle zusammen, sondern sind in viele kleine Herden aufgeteilt, und diese Herden ziehen etwa alle zwei Wochen auf eine andere Weide. Soll er jedes Mal neu zäunen? Er müsste ja nicht nur jedes Mal vier oder fünf Litzen ziehen, sondern alle sechs Meter eine der Stangen windsicher im Boden verankern, in die die Litzen eingehängt werden. Außerdem müsste er dafür Sorge tragen, dass das Gras an keiner Stelle die unterste Litze erreicht und damit den Stromkreislauf unterbricht. Wie soll er das schaffen, woher soll er die Zeit oder die Leute dafür nehmen? Auf den Kosten für die Mehrarbeit wird er nach heutigem Stand sitzen bleiben.

Oder soll er, statt mit den Zäunen weiterzuziehen, alle seine Weiden einzäunen? Das wäre dann eine rund 30 Kilometer lange Strecke, für die er Pfosten setzen, Litzen ziehen, Elektro-Weidezaungeräte anschaffen müsste. Auf Kosten der Steuerzahler, denn diese Kosten übernimmt das Ministerium. Fürs Erste sind

Bei Andreas Hadenfeldt stehen, wie früher üblich, Schafe und Rinder gemeinsam auf einer Weide.

diese Überlegungen hypothetischer Natur. Denn die Firmen, die diese speziellen Zäune herstellen, geraten wegen des enormen Bedarfs immer wieder in Lieferschwierigkeiten. Vorausgesetzt, er bekommt ausreichend Zäune für alle seine Weiden: Was ist, wenn im Frühjahr die Lämmer auf der Weide sind? Können die Elektrozäune für sie zur Falle werden?

Andreas Hadenfeldt ist kein dickköpfiger Dithmarscher Bauer, der sich dem Ministerium widersetzt und mit einem geknurrten „Ist doch eh alles Mist!" sämtliche Forderungen nach wolfssicheren Weiden abbügelt. Nein, er steht nicht mit verschränkten Armen vor dem Wolfsschutzbeauftragten, sondern sucht die Kooperation. Denn mehr als alles andere will er seine Tiere schützen. Er will nicht, dass seine kräftigen, gesunden und stabilen Herden von einem Wolf gejagt, verletzt und getötet werden. Deshalb hat er zumindest die Weide, die am weitesten von seinem Hof entfernt ist, wolfssicher eingezäunt – es dauerte nicht lange, und er musste morgens ein totes Reh aus dem Zaun ziehen, das sich in den Litzen verheddert hatte und unter Stromschlägen verendet war.

Andreas Hadenfeldt möchte tun, was in seiner Macht steht. Aber was den Bauern mit den angeblich wolfssicheren Zäunen nicht gelingt, das schafft die Politik mit ihren Forderungen: Die Menschen und nicht die Wölfe stoßen auf unüberwindliche Grenzen.

Beim Nachdenken über Wölfe ist zweierlei zu bedenken: Es liegt nicht in der Verantwortung der Politik, dass der Wolf nach Schleswig-Holstein gekommen ist. Der Wolf ist ein Wildtier und nimmt seinen Weg, siedelt sich dort an, wo er Nahrung findet. In der Verantwortung der Politiker liegt es jedoch, Gesetze zu formulieren. Und die stellen den Wolf unter Schutz. In keinem Land der gesamten EU dürfen Wölfe geschossen werden. Eigentlich.

Einigkeit herrscht hoffentlich landauf, landab in einem anderen Punkt: Ein Ministerium hat sich an geltende Gesetze zu halten und darf nicht anhand der Forderungen verschiedenster Interessenvertreter mit krausem Muster seine eigenen Verordnungen stricken. Aber damit die Wähler vernünftige Forderungen an ihre Gesetzgeber stellen können, gehören die belegten Fakten auf den Tisch. Und zu diesen Fakten gehört, dass die Rückkehr des Wolfes nichts mit einer gesünderen Umwelt und dem Erfolg einer Politik zu tun hat, die den Schutz der Natur verfolgt.

„Ach, und ich dachte, die zunehmende Zahl der Wölfe ist ein Zeichen dafür, dass unsere Natur sich stabilisiert hat." Wie oft bekommt Andreas Hadenfeldt diesen Satz zu hören, wenn er am Eiderdeich mit Touristen ins Gespräch kommt. Aber das ist nicht der Fall.

Heimisch war der Wolf in Schleswig-Holstein bis ins 19. Jahrhundert hinein, bis in die 1830er Jahre sind regelmäßige Wolfsjagden dokumentiert. Gutsbesitzer riefen zur Jagd auf die Wölfe, um ihre Herdentiere zu schützen, und darin wurden sie immer effektiver. Wölfe sind stolze und unglaublich kluge Tiere. Wo sie sich und ihren Nachwuchs in Gefahr sehen, bleiben sie nicht. Schleswig-Holstein mit seinen geringen Waldbeständen bot ihnen keinen ausreichenden Lebensraum.

Effektiver noch schützte der Eiserne Vorhang das Land Schleswig-Holstein vor den Wölfen. Denn die Wölfe, die auch heute wieder nach Norden ziehen, stammen größtenteils aus den riesigen Waldgebieten in Polen, der Ukraine und Weißrussland, die viel eher einem Urwald ähneln als den Nutzwäldern, wie wir sie kennen. In den Urwäldern leisten Wölfe einen unschätzbaren Beitrag zu einem gesunden Wildtierbestand, sie jagen und fressen kranke und schwache Tiere, bevor eine Krankheit oder eine genetische Fehlentwicklung den gesamten Bestand gefährdet. Für die Ökosysteme der weitläufigen Tundra in Kanada ist dieser positive Effekt gut belegt und er lässt sich ohne Abstriche auf die weitläufigen Waldgebiete im Nordosten Europas übertragen.

Bis heute leben in diesen Gebieten stabile Populationen mit mehreren zehntausend Wölfen. Jahrzehntelang wurden die Wölfe gejagt, wenn sie diese Urwälder verließen. Auch in der DDR wurden Wölfe, ohne viel Aufhebens davon zu machen, erschossen. Trotzdem gelang es immer wieder einigen, was kaum ein Mensch geschafft hat: Sie überwanden gelegentlich die gesicherten Grenzanlagen der DDR, richteten geringen Schaden an und verschwanden. Wo diese Wölfe blieben, wurde kaum einmal bekannt. Vielleicht wurden sie überfahren, von Wilderern geschossen oder sie starben ohne Nachkommen.

Im westlichen Europa gab es deshalb keine Wölfe. Die kleine iberische Population im Norden Spaniens verhielt sich unauffällig, und so lag es nahe, den Wolf 1979 unter EU-weiten Naturschutz zu stellen. Mit dieser Regelung sollte eine in Mitteleuropa vom Aussterben bedrohte Tierart geschützt werden.

Im Laufe der Jahre wandelte sich das Bild des Wolfes. Vom kulturellen Mythos eines Märchenungeheuers wurde er zu einem Symbol für die freie, wilde und insgesamt wünschenswerte Natur als Gegengewicht zu unserem durchstrukturierten und befriedeten Alltag. Es ist noch gar nicht so lange her, da rückte ausgerechnet ein Autokonzern den Wolf in den Mittelpunkt einer Werbekampagne für eines seiner Fahrzeuge.

Jenseits aller Zuschreibungen waren es allerdings politische Veränderungen, die den Wolf nach Schleswig-Holstein zurückkehren ließen. Zunächst fiel die Mauer, eine erste Hürde war beiseitegeschafft. Dann wurden die Länder der ehemaligen DDR zu Bundesländern der Bundesrepublik Deutschland und unterlagen damit dem EU-Recht. Wölfe durften danach auf dem Gebiet der ehemaligen DDR nicht mehr gejagt werden. Als auch Polen EU-Mitglied wurde, entstand ein riesiges Areal, in dem Wölfe sich ungefährdet bewegen können.

Wölfe sind misstrauische Tiere, und sie sind dank ihrer Intelligenz in der Lage, Erfahrungen umzusetzen und an ihre Nachkommen weiterzugeben. Die Erfahrung, die sie durch das weitgehende Jagdverbot seit vielen Jahren machen, dürfte sich ihnen inzwischen eingeprägt haben: Ein Wildtier zu jagen ist anstrengend – es ist bedeutend einfacher, auf einer eingezäunten Weide unter den dort zusammenlebenden Tieren Beute zu machen. Auf einer Schafweide tobt der Wolf wie ein Zuckerjunkie, den man über Nacht in einen Süßwarenladen eingeschlossen hat. Der würde ja auch nicht eine Tüte Plätzchen nach der anderen essen, sondern vor Begeisterung über das riesige Angebot überall mal probieren. Auf diese Weise wütet der Wolf durch eine Schafherde. Mit Nutztieren, für die der Mensch Verantwortung trägt. Auch die Schafe einer Herde, die ein Wolf nicht reißt oder verletzt, werden ihre Panik nie wieder verlieren. Die friedfertige Gemütlichkeit, mit der sie auf Weiden stehen und fressen und wiederkäuen, ist ihnen auf Dauer genommen. Tragende Schafe, die vom Wolf gehetzt wurden, verlammen, haben also Fehlgeburten. Andere tragende Schafe, weit über dem Durchschnitt, haben beim Lammen Schwierigkeiten, sie bringen tote Lämmer zur Welt oder sterben selbst bei der Geburt. Ein Rinderzüchter berichtet von einer Kuh, die vergeblich ihr Kalb zu schützen versuchte und sich dann nicht von den Überresten ihres Kalbes trennen wollte, obwohl sie selbst schwer verletzt war. Aber niemand konnte sich ihr nähern, nicht ihr Bauer und auch nicht der Tierarzt. Aus der friedlichen Kuh war ein verstörtes, angriffslustiges Tier geworden, das getötet werden musste.

Solange der Wolf nicht geschossen werden darf, müssen die Herden auf den Weiden vor dem Wolf geschützt werden. Aber kann das gelingen? Welchen Preis sind wir bereit, dafür zu zahlen? Sind tote Rehe, überlastete Schäfer, unüberwindlich eingezäunte Weiden ein angemessener Preis? Wollen wir wirklich zulassen, dass sich die Erkenntnis der reichlich mit Beute bestückten Weiden über Wolfsgenerationen fortschreibt, sich verstärkt, bis die Kulturlandschaft, wie wir sie heute kennen, nicht mehr erhalten werden kann?

Hinter diesen Überlegungen steht eine weitere Frage, auf den es noch keine befriedigende Antwort gibt: Wird sich der Wolf auch daran gewöhnen, dass ihm von Menschen keine Gefahr mehr droht? In einer Schafherde von knapp einhundert Tieren, die in direkter Nähe eines Dorfes weidete, tötete ein Wolf zehn trächtige Schafe, jedes von ihnen wog rund 100 Kilo. Ist es wirklich nur Panikmache, wenn es einem angesichts dieser Informationen beim Gedanken an einen Waldkindergarten eiskalt den Rücken hinunterläuft? Wenn einem Angst und Bange wird bei der Vorstellung einer vom Wolf gejagten Schaf- oder Rinderherde, die in Panik die Weidezäune überrennt und eine Autobahn oder Bahnstrecke erreicht?

Vielleicht bleibt uns einfach nur die Erkenntnis, dass ein friedliches Zusammenleben von Mensch und Tier zwar wünschens- und erstrebenswert ist, sich im Falle des Miteinanders von Wölfen und Menschen aber nicht in vollem Umfang realisieren lässt. „Wichtig ist es", sagt Andreas Hadenfeldt, „sehr klar zu benennen, worum es eigentlich geht. Denn wenn von der Entnahme eines Wolfes gesprochen wird, ist das Humbug, weil es klingt, als käme eine große Hand von oben und nähme sich, ähnlich wie in der Landschaft einer Modelleisenbahn, ein Wolfsfigürchen heraus, um es an anderer Stelle, wo es sich etwas hübscher macht, wieder absetzen. Aber das ist es ja nicht. Denn der Wolf wird getötet, um den Schafen das Leben zu ermöglichen. Der Wolf wird geschossen, weil er sonst seinem Rudel und seinen Nachkommen beibringen wird, wie risikolos die Jagd auf Schafe ist."

Die Verantwortung für das Leid der Schafe trägt der Mensch. Tragen alle Menschen, und nicht nur der Schäfer allein.

Es wird keinen Schäfer geben, der neben seinen gerissenen Schafen steht und schulterzuckend überschlägt, wie hoch die Summe sein wird, die er als Entschädigung kassieren kann. Oft genug bekommt Andreas Hadenfeldt zu hören, er brauche sich wegen der Wolfsrisse nicht aufzuregen, denn zu guter Letzt würden seine Lämmer ja doch geschlachtet, so groß sei der Unterschied ja nicht, zumindest finanziell und irgendwie auch ideell, ob nun ein Mensch oder ein Wolf das Fleisch bekäme.

Andreas Hadenfeldt weiß darauf keine Entgegnung, die sich mit einem Satz zusammenfassen ließe. Er merkt nur, wie schwach es klingt, wenn ein Schäfer dann antwortet, er arbeite schließlich, um Menschen zu ernähren. Und nicht die Wölfe.

Fragt man Schäfer, wie es sich für sie anfühlt, wenn ihre Arbeit den normalen Gang geht und die 40 bis 50 Kilo schweren Lämmer im Spätsommer zum Schlachter gebracht werden, stößt man auf einen blinden Fleck, der kaum zu benennen ist. „Das ist halt so", sagen die einen. „Hat man sich dran gewöhnt", finden die anderen. „Wir müssen schließlich unser Geld verdienen."

„Das gehört zu unserer Arbeit einfach dazu, das ist seit Generationen so", sagt Dorthe Bährs. Schäfer wie sie und ihr Mann haben den Lämmern auf die Welt geholfen, die zarten Tiere unter eine Wärmelampe gelegt, zugesehen, wie die kleinen Lämmchen über die Wiesen tobten, sie haben Klauen beschnitten und ihre Tiere gegen Parasiten behandelt – und sie haben die Böcke noch vor der Geschlechtsreife von der Herde getrennt und damit ihr Ende besiegelt. Aber zuvor haben sie den ihnen anvertrauten Tieren lange, schöne Monate im Frühjahr und Sommer ermöglicht. Sie konnten sich in der Obhut ihrer Schäfer sicher fühlen, sie waren gesund, auch dafür hat ihr Schäfer gesorgt. Es sei denn, der Wolf ging in die Herde. Dann erlebten die Schafe Angst und Schrecken, erlebten, wie Tiere aus dem Sozialverbund ihrer Herde gerissen wurden und verendend oder tot auf der Weide lagen.

Der Konflikt, Tiere schlachtreif zu machen, ist nicht der Konflikt der Schäfer. Sondern der Konflikt aller Menschen. Es ist ein Konflikt, dem die meisten Menschen aus dem Weg gehen. Niemand stellt sich hin, drückt seinem Kind ein Salamibrot in die Hand und sagt: „Das war mal ein Schaf und es wurde getötet, weil wir so gerne Salami essen." Den Konflikt jeder Fleischproduktion als Argument zu nutzen, um dem Schäfer das Verantwortungsgefühl für seine Tiere abzusprechen, ist unredlich.

Der Gipfel der Bigotterie ist erreicht, wenn einerseits der Wolf geschützt werden und andererseits das Lamm für den Sonntagsbraten aus der Region stammen soll. Nein, so geht es einfach nicht.

Jeder Mensch hat das Recht, seinen Frieden mit den Kompromissen zu schließen, die für seine persönlichen, unlösbaren Konflikte unvermeidlich sind. Aber wir können als Konsumenten und vor allem als Mitmenschen die Schäfer mit ihrem Wolfproblem nicht alleine lassen, bloß weil sich aus Opportunitätsgründen keiner zu sagen wagt: Wolf und Weidewirtschaft passen nicht zusammen. Haben noch nie zusammengepasst. Diese Erkenntnis,

klar ausgesprochen, zieht in einigen Regionen Deutschlands den Tod des Wolfes nach sich. Punkt.

Selbstverständlich hat Andreas Hadenfeldt auch verschiedene andere Konzepte zum Schutz seiner Schafe vor Wölfen bedacht. Denn mit Wolfsschutzzäunen zu arbeiten ist ja nur eine der Optionen. Versuche in der Schweiz haben gezeigt, dass Esel eine Herde schützen können. In kleineren Herden von Wanderschäfereien laufen dort ein, zwei Esel mit. Der Nachteil ist die Größe der Herden, Esel können nur eine relativ kleine Herde überblicken. In Schleswig-Holstein könnten sie obendrein nicht eingesetzt werden, denn Esel sind nässe- und regenempfindlich und beides hat der Norden reichlich zu bieten.

Aber es gibt ja auch noch die Herdenschutzhunde: Kaukasische Owtscharkas und türkische Kangals sind große, schwere Hunde, die bis zu 70 Zentimeter groß und 100 Kilo schwer werden. In ihren Heimatregionen beschützen sie ganze Dörfer vor Wölfen. Gerade die Owtscharkas wissen sehr genau, wer zu ihrer Gemeinschaft gehört – und wer nicht. Ließe Andreas Hadenfeldt Owtscharkas in seinen Herden mitlaufen, könnten sie seine Schafe schützen. Er bräuchte schon eine ganze Menge davon, denn pro Herde müssten mindestens zwei Hunde mitlaufen. Das Nachsehen hätten die Touristen, die an der Eider entlangwandern. Auch sie würden von den Owtscharkas als Feinde definiert und angegriffen.

In Rumänien ist das Problem der Wölfe besonders drängend, seit Jahrzehnten lebt in den Karpaten eine stabile Wolfspopulation mit bis zu 12.000 Tieren, die meisten von ihnen finden in den großen Waldgebieten genügend Nahrung. Weidetiere können in Rumänien dennoch ohne Nachtwachen kaum gehalten werden –

und selbst in bewachten Herden werden immer wieder Tiere gerissen.

Schweden hat ganz Lappland zur wolfsfreien Zone erklärt, weil dort die Samen ihre traditionelle Rentierzucht betreiben. Für den Rest des Landes wurden Bestandszahlen definiert. Geht die Anzahl der Wölfe über diese Bestandszahlen hinaus, darf eine festgelegte Anzahl von Tieren geschossen werden. Schweden nutzt mit seinen Bestimmungen ein Schlupfloch, das das EU-Recht bietet. Denn gejagt werden darf der Wolf nur, wenn sein Bestand „einen günstigen Erhaltungszustand" erreicht hat. Doch ab welcher Population ist ein Bestand gesichert? Darüber geben die Verordnungen keine verbindliche Auskunft.

Ob es genügt, ein Gebiet zur wolfsfreien Zone zu erklären, um die Jagd auf Wölfe zu erlauben, ist ebenfalls umstritten. Erst im vergangenen Jahr hat der wissenschaftliche Dienst der Bundesregierung ein Gutachten vorgelegt, demzufolge das Ausweisen von wolfsfreien Zonen nach der Flora-Fauna-Habitat-Richtlinie (FFH) der Europäischen Union nicht zulässig ist.

Nein, einstweilen taucht unter allen Optionen keine Lösung auf, die es ermöglicht, den Schutz von Herdentieren und die Freiheit der Wölfe in Einklang zu bringen. Wer das behauptet, argumentiert immer nur theoretisch, an Beweisen für eine Umsetzbarkeit mangelt es. Derzeit gibt es keinen funktionierenden Herdenschutz.

Noch hat Andreas Hadenfeldt Schafe. Jedes Mal, wenn er zu seinem Kontrollgang aufbricht, drückt ihn das Unbehagen. Was wird er vorfinden?

Bevor es dunkel wird, sieht er noch einmal nach seinen Tieren. Rund zwei Stunden braucht er für all seine Weiden und die Flächen auf dem Eiderdeich. Die letzte Weide liegt direkt neben seinem Hof. Dort steht nur eine kleine Herde. Vorne, neben dem Gatter, ist ein Loch im Zaun. Ein kleines Loch, das nicht zufällig entstanden ist. Wieder kommen alle Schafe angelaufen, als Andreas Hadenfeldt den Eimer mit dem Kraftfutter schüttelt. Ein kleines, mageres Lämmchen quetscht sich durch das Loch und stellt sich mit einem lauten „Mäh!" vor seinen Schäfer. Der bückt sich und schon steckt das Lamm seinen Kopf in den Eimer und frisst, während die anderen mit langen Hälsen am Gatter stehen. „Das ist ein Nachzügler", erklärt Andreas Hadenfeldt. „Seine Mutter hat zum ersten Mal gelammt und hatte nicht so viel Milch. Weil es so schmächtig ist, kommt es nicht an das gute Futter ran, die Stärkeren drücken es immer zur Seite." Das Lamm hebt den Kopf aus dem Eimer und schaut sich nach den anderen Schafen um. Dann taucht es wieder in den Eimer ab und frisst weiter.

GESCHICHTE DER SCHAFE IN SCHLESWIG-HOLSTEIN

WIE DIE SCHAFE NACH SCHLESWIG-HOLSTEIN KAMEN

Schafe waren, gemeinsam mit den Ziegen, die ersten Nutztiere des Menschen. Sagt man. Aber stimmt das auch? Die Quellenlage ist nicht eindeutig.

Denn Hunde lebten sogar schon einige Jahrtausende früher in den Siedlungen der Menschen. Ob die Menschen sich damals schon Haustiere hielten? Unwahrscheinlich. Vielleicht wurden sie als Wachhunde oder zur Jagd eingesetzt, oder sie wurden, wie andere Wissenschaftler meinen, als Fleischlieferanten gehalten. In diesen Fällen hätten sie Schafen und Ziegen den Rang abgelaufen und wären damit die allerersten Nutztiere gewesen.

Doch zurück zu den Schafen: Ähnlich unklar ist, ab welchem Zeitpunkt die ersten Menschen damit begannen, Schafe zu halten. Lange Zeit galten Knochenfunde in Zavi Chemi, nahe der Höhle Shanidar, im heutigen Nordirak, als erster Nachweis, der die Schafhaltung durch Menschen schon im 10. Jahrtausend vor Christus belegte. Aber auch hier fehlt bislang die Eindeutigkeit. Denn möglicherweise weisen die vermehrten Funde von Schafknochen nur auf einen großen Jagderfolg hin, der sich über einige Monate erstreckt hat.

Zumindest über den Ort, an dem die Domestikation der wilden Mufflon-Schafe begann, herrscht Einigkeit. Es war in der Region, die später der Fruchtbare Halbmond genannt werden wird und die sich vom Persischen Golf über den heutigen Irak entlang des Mittelmeeres bis nach Ägypten zieht. Diese Region gilt als Ursprung unserer Kultur.

Die scheuen Soay-Schafe ähneln den Schafen des Neolithikums. Meistens sind beide Geschlechter behornt.

Während die Menschen im Vorderen Orient um 10.000 v. Chr. bereits Schafe hielten, war der Norden Europas und damit auch unser heutiges Schleswig-Holstein noch eine recht unwirtliche Gegend. Kilometerdicke Eiskappen bedeckten ganz Großbritannien und zogen sich über Skandinavien bis nach Norddeutschland, Polen und die Ukraine. Erst nach dem Ende der letzten Kaltzeit um 9.650 v. Chr. stieg die Temperatur auf eine moderate Höhe. Aber das machte das Leben zwischen den Meeren nicht unbedingt angenehmer. Während der Maglemose-Kulturepoche lebten kaum Menschen im Norden Europas, denn das Abschmelzen der Eiskappen setzte große Mengen an Wasser frei.

Im frühen Neolithikum lebten die Menschen noch in befestigten Hütten.

An der Oberfläche verwandelten sich die Böden in Sümpfe, und unterirdische Ströme speisten großflächige Seen, die einige Jahrzehnte später schon wieder verschwunden waren. Es gab kein Vorankommen in den eiskalten Sümpfen und wo gestern noch ein paar Hütten auf einem Fleckchen trockenen Landes standen, war schon wenig später kein Fuß mehr vor den anderen zu setzen.

Rund drei Jahrtausende dauerte es nach dem Abschmelzen der Eiskappen, bis die Natur wieder in ein halbwegs stabiles Gleichgewicht fand. In der Ertebølle-Kultur – sie wurde gleichfalls nach einem Fundort in Dänemark benannt - verwendeten die Menschen des Nordens bei der Jagd und beim Angeln schon Hilfsmittel, sie konnten Keramik herstellen und besaßen das Werkzeug zur Herstellung eines Einbaums. An vielen Orten Nordeuropas hinterließen sie bis zu 140 Meter lange, 30 bis 40 Meter breite und anderthalb Meter hohe Muschelhaufen, die uns heute wie große Müllhaufen anmuten, denn in ihnen fanden sich ihre Speisereste wieder und sie entsorgten dort ihr zerbrochenes Geschirr. Aber vielleicht hatten diese Muschelhaufen eine spirituelle Bedeutung, denn auch ihre Toten bestatteten sie darin. In Schleswig-Holstein ist kein einziger dieser Muschelhaufen erhalten geblieben. Trotzdem kann davon ausgegangen werden, dass die Menschen der Ertebølle-Kultur auch hier lebten. Gut möglich, dass diese Areale heute unter dem Meeresspiegel liegen.

Erst mit Beginn der Jungsteinzeit um 4.000 v. Chr. wandelte sich auch Schleswig-Holstein von einem Land der nicht sesshaften Jäger und Sammler zu einem Bauernland – und die Entwicklung, die vor 8.000 Jahren im Fruchtbaren Halbmond ihren Anfang genommen hatte, wurde in relativ kurzer Zeit nachgeholt. Begünstigt durch die steigenden Temperaturen zogen Menschen aus dem Vorderen Orient gen Norden und sie brachten mit, was sie aus ihrem Alltag kannten. Heute nennen Archäologen es das „Neolithische Bündel". In diesem Bündel war alles verschnürt, was eine bäuerliche Gesellschaft der Jungsteinzeit ausmachte, und dazu gehörte auch die Domestizierung von Pflanzen und Tieren. Neben Schafen und Ziegen waren mittlerweile auch Schweine und Rinder Nutztiere der Menschen in den weiterentwickelten Regionen. In Nordeuropa wurden die Kühe rasch sehr beliebt. Denn es sind große, aber friedliche Tiere und selbst Jugendliche konnten sie auf einer Weide in Schach halten. Eine geschlachtete Kuh brachte reichlich Fleisch, davon konnte ein jungsteinzeitlicher Familienverband eine Weile leben.

Doch die Menschen des Nordens sammelten nicht nur erste Erfahrungen im Umgang mit Nutztieren, sie begannen auch, Getreide anzubauen – und es gelang ihnen, aus der Ernte des Herbstes Vorräte anzulegen, die ihnen halfen, über den Winter zu kommen.

Schon seit einigen Jahrhunderten wussten sie, wie sie Gefäße aus Keramik formen und brennen konnten. Die Entwicklung vom ausschließlich praktischen Nutzen dieser Gefäße hin zu einer ästhetischen Gestaltung bedeutete einen Quantensprung in der Menschheitsgeschichte des Nordens und prägte eine ganze Epoche. Die Trichterbecherkultur begann etwa 4.200 v. Chr. und endete etwa 2.800 v. Chr. Den Namen gaben dieser Epoche die für sie typischen Gefäße mit einer weiten, trichterförmigen Öffnung und ersten Verzierungen in Form eines Zickzackmusters oder schmaler Ringe. Die Becher wurden nicht nur zum Trinken, sondern beispielsweise auch zur Vorratshaltung genutzt. Die Trichterbecherkultur breitete sich vom nördlichen Mitteleuropa über das mittlere Osteuropa, Dänemark und Südskandinavien aus. Es war die erste vom Ackerbau und Viehzucht geprägte Kultur des nordischen Frühneolithikums.

Im Durchschnitt wurden die Menschen damals 33 Jahre alt, die Männer etwas älter als die Frauen, die durch Geburten besonders gefährdet waren. Die niedrigen Durchschnittszahlen sind jedoch vor allem der hohen Kindersterblichkeit geschuldet. Die Menschen lebten in Sippen, in kleinen Dorfgemeinschaften von bis zu 50 Personen, die nicht alle zur gleichen Familie gehören mussten. Diese Erkenntnis verdanken die Forscher der genetischen Analyse von Knochenfunden aus den Begräbnisstätten. Noch einen weiteren Schluss legen diese Gräber nahe: Es war eine egalitäre Gesellschaft gleichberechtigter Menschen, die in der Trichterbecherkultur lebte, denn alle wurden auf die gleiche Weise, ohne Grabbeigaben, bestattet. Dabei war die Begräbniskultur schon recht weit entwickelt. Die Verstorbenen wurden in Großsteingräbern beigesetzt, deren Eingang in Richtung Sonnenaufgang lag. Weil immer wieder auch einzelne Skelettteile gefunden wurden, bleibt unklar, ob die Toten zunächst an anderer Stelle beerdigt und erst später in das Großsteingrab umgebettet wurden.

Zum Ende der Trichterbecherkultur, etwa um 2.800 v. Chr., änderten sich die Bestattungsriten, die ersten Toten wurden in Einzelgräbern unter kleineren Grabhügeln bestattet, daraus lassen sich erste hierarchische Strukturen ableiten – auf diese besondere Weise bestattet wurden Männer und Frauen, was darauf hinweist, dass beide Geschlechter herausragende Positionen innerhalb ihrer Gemeinschaft einnehmen konnten.

Im Steinzeitpark in Albersdorf werden nicht nur Gebäude nachgebaut, sondern auch das Umfeld, in der die Menschen lebten, wird in einzelnen Szenen rekonstruiert.

Zeugnisse aus der Vergangenheit werden immer abhängig von dem Menschen interpretiert, der sie betrachtet. Seine Überlegungen werden beeinflusst durch die Art, wie er lebt, wie er denkt und welche Ansichten er vertritt. Nicht zuletzt deshalb ist die Archäologie ein Zweig der Geisteswissenschaften und gehört nicht zu den Naturwissenschaften. Im vergangenen Jahrhundert lebten die Archäologen in einer männerzentrierten Gesellschaft. Sie zeichneten das Bild einer neolithischen Gesellschaft, in der Männer auf die Jagd gingen und Frauen sich im Dorf aufhielten, um sich gemeinsam um den Nachwuchs und die Zubereitung der Mahlzeiten zu kümmern. Heute sieht man das anders. Neue wissenschaftliche Erkenntnisse lassen andere Interpretationen zu. Knochenfunde, die heute Frauen zugeordnet werden können, weisen die typischen Verletzungen auf, die bei der Jagd entstehen. Allem Anschein nach nahmen auch Frauen an den Jagden teil. Zumindest bis sie Kinder bekamen.

Wir wissen nicht, ob es in dieser ersten bäuerlichen Gesellschaft schon handwerkliche Spezialisierungen gab. Es bleiben viele Fragen. Wer half den Frauen bei der Geburt ihrer Babys? Gab es Heilkundige? Welche Krankheiten konnten sie behandeln und woran mussten sie scheitern? Was wussten sie über die Wirkung von Kräutern und Pflanzen?

Dr. Rüdiger Kelm ist Archäologe und Geograf, er hat sich auf Ur- und Frühgeschichte spezialisiert. Seit der Gründung leitet er den Steinzeitpark Dithmarschen in Albersdorf. Er sagt: „Wenn wir uns das Leben der Menschen im Neolithikum vorstellen, können wir getrost von unseren eigenen Grundbedürfnissen ausgehen. Die Menschen damals mochten es auch nicht, wenn es in ihren Häusern feucht und kalt und dreckig war."

Für diese Annahme gibt es tatsächlich Belege. Während die Menschen zu Beginn des Neolithikums, das im heutigen Schleswig-Holstein um 4.000 v. Chr. begann, noch in zeltähnlichen Hütten aus geflochtenen, mit Erde bedeckten Matten lebten, so begannen sie schon bald darauf, sich feste Häuser zu bauen mit stabilen Wänden, einem festen Dach, gestampften Böden und sogar mehreren Räumen. Für den Rauch des Feuers, das im Innern der Häuser brannte, gab es einen Abzug. Aber die Menschen des Neolithikums wollten es nicht nur warm und trocken, sie wollten es auch hübsch haben. Das beweisen nicht nur die immer aufwändigeren Verzierungen an den Trichterbechern und anderen Gefäßen. Auch die Wände der Häuser wurden mit Kalkfarben geweißt und manchmal sogar mit Mustern verziert.

Nach einer, manchmal auch erst nach zwei Generationen, waren die Häuser verwohnt und wurden baufällig. Dann baute die Sippe in einbis zweihundert Metern Entfernung eine neue Siedlung auf. Das Areal der alten Siedlung ließen sie nicht verkommen, sondern sie nutzten es als Anbaufläche. Denn der Boden war dort, wo Menschen gelebt hatten, ja nicht durch Chemikalien verseucht, sondern bestens gedüngt. Dafür sorgten nicht nur die Küchenabfälle, sondern auch die Fäkalien der Menschen. Toiletten gab es damals noch nicht, mutmaßlich ging man einfach nur hinters Haus, um seine Notdurft zu verrichten.

Schweizer Schulbuchverlage sind ausgesprochen progressiv in der Umsetzung des aktuellen Forschungsstandes zur Ur- und Frühgeschichte für den Schulunterricht. Einige dieser Darstellungen sind auf der Website der Wissenschaftsillustratoren von www.bunterhund.ch zu sehen. Die Bilder, mit denen in der Schweiz Schüler unterrichtet werden, zeigen Sippen mit vielen Kindern und Jugendlichen und nur vergleichsweise wenigen Erwachsenen. Diese Darstellungen leuchten ein, denn zur Erhaltung der Gemeinschaft war es der hohen Kindersterblichkeit wegen notwendig, reichlich Nachkommen in die Welt zu setzen.

Vieles spricht für ein sehr lebhaftes Miteinander, in dem Kinder eine zentral wichtige Rolle spielten und es ist nicht unwahrscheinlich, dass sie schon früh ihre Aufgaben in der Gemeinschaft wahrnehmen mussten. Möglicherweise lag darin die besondere Bedeutung der Schafe für die Menschen der Trichterbecherkultur.

Zu Beginn der Nutztierhaltung in Schleswig-Holstein lebten alle Nutztiere auf Weiden nahe den Siedlungen, auch den Winter verbrachten sie draußen. Denn es war nicht kalt, die Jungsteinzeit im Norden Europas war durch moderate Temperaturen geprägt, und auch die Winter waren weniger streng als heute. Die Durchschnittstemperatur lag ein bis zwei Grad über dem heutigen Durchschnitt. Im Neolithikum ermöglichten die höheren Temperaturen

Das Steinzeithaus von Rastorf ist ein Haus aus dem späten Neolithikum mit mehreren Räumen. Vor dem Haus hängt heute die gewaschene Rohwolle zum Trocknen.

einen Anbau von Getreide. Erst in der Bronzezeit, etwa um 1.000 v. Chr., änderte sich die Temperatur erneut. Es wurde wieder kälter, die Winter waren strenger. Deshalb holten die Menschen ihre Nutztiere ins Haus, zunächst die Schafe und Ziegen, denn draußen zu überwintern war diesen Tieren nicht mehr möglich. Außerdem spendeten sie Wärme und davon profitierten auch die Menschen, die mit ihnen in einem Haus lebten. Als es noch kälter wurde, holten die Menschen auch Rinder und Schweine ins Haus. Über die Jahrhunderte entwickelte sich aus diesem Miteinander das traditionelle Langhaus, das Räume für Menschen und Tiere unter einem Dach vereint.

Über das Aussehen und die Eigenschaften der Schafe, die in den neolithischen Siedlungen lebten, wissen die Forscher recht gut Bescheid. Genetische Untersuchungen haben gezeigt, dass sich die ersten Herdenschafe in Nordeuropa noch weitgehend ähnelten. Die Veränderungen, die in den nachfolgenden Jahrtausenden stattfanden, waren zunächst den Umgebungsbedingungen geschuldet, wie sie das Klima und das zur Verfügung stehende Futter schufen. Aber auch die Bedürfnisse der Menschen spielten bei der Weiterentwicklung der Schafe eine wichtige Rolle. Denn die Menschen hielten ihre Nutztiere des Fleisches wegen, bei den Schafen ergänzt durch die Wolle, aus der sie ihre Kleidung fertigen konnten. Auf diese Weise entwickelten sich Jahrhundert für Jahrhundert, Schritt für Schritt, die stärker von Menschen geprägten Schafrassen. Nur auf der kleinen Insel Soay im Nordwesten Schottlands blieb die Zeit stehen. Soay gehört zu den unbewohnten St. Kilda-Inseln westlich der Äußeren Hebriden und ist nur einen knappen Quadratkilometer groß. Hier hat, unbemerkt vom Rest der Welt, eine Population von Urschafen überlebt. Bis zum Beginn des vergangenen Jahrhunderts.

Die Fellfarbe des Soay-Schafes entspricht noch weitgehend dem des europäischen Mufflons.

In den 1930er Jahren kaufte der exzentrische Marquis de Bute die ganze Inselgruppe und brachte die ersten Exemplare der dort jahrtausendelang vergessenen Schafrasse zunächst auf eine Nachbarinsel und dann auch wieder aufs Festland. Heute wissen die Forscher: Die Genetik des heutigen Soay-Schafes stimmt mit der Genetik der Schafe des Neolithikums weitgehend überein. Schon allein diese Information macht die Zucht interessant, selbst in Deutschland wird das Soay-Schaf inzwischen wieder gezüchtet. Es gibt rund 80 Züchter und immerhin sechs Herdbuchbetriebe. Im Vergleich zu heutigen Schafrassen kommt es bei den Soay-Schafen viel seltener zu Mehrlingsgeburten und die tägliche Gewichtszunahme der Lämmer, die bei Fleischschafen um die 400 Gramm betragen kann, liegt bei knapp über 100 Gramm. Der Fellwechsel der Soay-Schafe erfolgt auf natürliche Weise im späten Frühjahr, eigentlich müssen sie nicht geschoren werden, aber wer sie trotzdem mit der Schere von ihrem Fell befreit, schaut auf einen recht mageren Ertrag von ein bis drei Pfund Gewicht. Mit ihrem natürlichen Fellwechsel wären die Soay-Schafe angesichts des zusammenbrechenden Wollmarktes bestens geeignet, eine neue, für Gebrauchsschäfer attraktive Zuchtlinie zu entwickeln. Dagegen spricht eine Eigenart der Soay-Schafe, die ihre Haltung in modernen Schäfereien fast unmöglich macht. Denn an Soay-Schafen beißen sich Hütehunde geradezu sprichwörtlich die Zähne aus. Statt sich von ihnen als Herde lenken zu lassen, springen sie in alle Richtungen davon, wenn sich ein Hund nähert, und sabotieren damit alles, was ein Hütehund über den Umgang mit Schafen gelernt hat.

Im Steinzeitpark Dithmarschen in Albersdorf lässt sich das, wovon dieses Kapitel handelt, in natura betrachten. Dort stehen Nachbildungen der Häuser, in denen die ersten Bauern lebten. In den Sommermonaten sind diese Häuser sogar bewohnt. Dann leben darin tageweise die Museumsführer, die ein der Mittel- und Jungsteinzeit nachempfundenes Leben auf dem Gelände führen. Ganzjährig zu besuchen ist die halboffene Weidelandschaft am Rande des Museumsgeländes. Ein Spazierweg führt entlang der Weiden, auf denen Tiere stehen, die denen ähneln, die bereits von den ersten Bauern gehalten wurden. Natürlich gehört auch eine kleine Herde von Soay-Schafen zum Bestand. Wer sie sich genauer anschauen möchte, sollte allerdings ein Fernglas dabeihaben. Denn die scheuen Soays sind sehr gut darin, sich den Blicken der Besucher zu entziehen.

Steinzeitpark Albersdorf, Süderstraße 47, von April bis Oktober täglich außer montags von 11 bis 17 Uhr geöffnet (für angemeldete Gruppen ist das Steinzeitdorf ganzjährig geöffnet. Angeboten wird auch, ein Steinzeithaus für Feiern und die Übernachtung einer ganzen Gruppe zu mieten.)

Museum Albersdorf, Bahnhofsstraße 29, ebenfalls von April bis Oktober täglich außer montags und dienstags von 11 bis 17 Uhr geöffnet.

www.steinzeitpark-dithmarschen.de

ARMUT SCHMECKT NACH ALTEM HAMMEL – SCHAFE IM MITTELALTER UND IN DER NEUZEIT

Dr. Nils Kagel ist Volkskundler, er hat sich auf landwirtschaftliche Gebäude spezialisiert und er ist Bereichsleiter für die historischen Gebäude, Gärten und Landschaftsflächen im Freilichtmuseum Molfsee, dieses weitläufigen und gepflegten Areals, das seinen Besuchern eine Zeitreise in die Vergangenheit des Lebens in Schleswig-Holstein ermöglicht. Wenn einer Bescheid wissen sollte über die Geschichte der Schafe, dann Dr. Nils Kagel. Wie wurden denn nun die Schafe im Mittelalter und in der beginnenden Neuzeit in Schleswig-Holstein gehalten?

Bevor Dr. Kagel antwortet, muss er sich erst einmal verlegen räuspern. „Dazu kann ich lei-

Auf dem 40 Hektar großen Gelände des Freilichtsmuseums Molfsee wurden 60 Gebäude aus dem 16. bis 20. Jahrhundert wieder aufgebaut.

der wenig sagen“, antwortet er und der Grund dafür liegt auf der Hand, wie er bald darauf erklärt. Denn lange Zeit galten die Schafe als die Nutztiere der Armen. Auf den großen Gutshöfen wurden zwar größere Herden mit einigen hundert Tieren gehalten, aber das Fleisch spielte bei diesen Schafen nur eine untergeordnete Rolle. Es war die Wolle, die sich gut vermarkten ließ. Aber vor allem wurde der Dünger gebraucht, den die Schafe produzierten. Zumindest bis in der zweiten Hälfte des 19. Jahrhunderts der Kunstdünger aufkam. Die Schafhaltung der ländlichen Unterschichten bildet im Hinblick auf den Gesamtbestand nur einen kleinen Teil. Aber für die Betroffenen war sie von großer Bedeutung. Schafe, das waren die Tiere, die von Tagelöhnern und Landlosen gehalten wurden.

Das Leben der Adligen und der Gutsherren ist gut dokumentiert, auch über das Leben der Bauern lässt sich einiges finden. Aber niemand machte sich die Mühe, das oft recht bedrückende Leben der Besitzlosen zu dokumentieren. Was über sie zu erfahren ist, bleibt ein Beifang der Geschichtsforschung. Sie tauchen in den Listen auf, in denen Bauern ihren Besitz dokumentierten. Es ist vermerkt, welche Zahlungen in Geld und Naturalien sie erhielten, und es ist auch vermerkt, dass sie oft in ziemlich maroden Gebäuden am Rande der Gehöfte lebten.

Und dennoch. Aus vielen kleinen Informationen, die Dr. Kagel geben kann, entsteht ein Bild vom Leben der Menschen, die in den vergangenen Jahrhunderten Schafe hielten, ohne dass damit ein Anspruch auf wissenschaftliche Genauigkeit verbunden sein kann. Mit diesen Geschichten tauchen auch Worte auf, die längst aus unserem Sprachgebrauch verschwunden sind.

Der Kleinkätner beispielsweise. Der war Haushaltsvorstand einer Familie, zu der durchaus auch ein oder zwei Knechte gehören konnten. Der Kleinkätner lebte im überwiegenden Teil Schleswig-Holsteins auf seinem mehr oder weniger eigenem Grund und Boden. Ihm gehörte ein kleines Stück Ackerland und er besaß Rechte an der Gemeindeweide. Die Katenstelle wurde dem Kätner wie allen anderen Bauern vom Grundherrn, also dem Gutsherrn, dem Landesherrn, der Kirche oder dem Kloster, in einer Art Erbpacht überlassen. Im Gegenzug mussten Abgaben und Dienste geleistet werden. Die Hofstelleninhaber waren jedoch persönlich frei, konnten also ihre Stelle jederzeit verlassen und hingehen, wohin sie wollten. Anders sah es in weiten Teilen Ostholsteins aus, wo Leibeigenschaft herrschte. In Schleswig-Holstein gab es Leibeigenschaft ausschließlich in den ostholsteinischen Güterbezirken, in Teilen Angelns, in Schwansen und im Dänischen Wohld. Im weitaus größten Teil des heutigen Schleswig-Holsteins waren die Bewohner dagegen persönlich frei. In den holsteinischen Elbmarschen und Dithmarschen besaßen die Bauern ihre Höfe sogar als unbeschränktes, nicht an einen übergeordneten Grundherrn gebundenes Eigentum, über das sie frei verfügen konnten.

Ohne eigenen Grundbesitz waren dagegen die Insten. Sie mussten sich ihre Unterkunft mieten und arbeiteten auf den Höfen. Kleinkätner und Insten waren die Nutznießer der gemeinschaftlich genutzten Gemeindeweiden. Im 17. und 18. Jahrhundert ging es in Schleswig-Holstein höchstwahrscheinlich so ähnlich zu wie noch heute in einigen Regionen Osteuropas. Dort geht am Morgen ein Hütejunge durchs Dorf, sammelt die Weidetiere ein, die die Nacht im heimischen Stall verbracht haben, zieht mit ihnen auf die Gemeindeweide und bringt sie am Abend zu ihren Besitzern zurück.

Das gemeinschaftliche Weideland war meist extensiv genutztes Land wie Heide, brachliegende Äcker, Moorland oder kleinere Waldstücke. Die Besitzlosen mussten das Beste aus den nicht sehr viel Ertrag versprechenden Flächen machen, die ihnen zur Verfügung gestellt wurden. Und das Beste, das waren für sie die Schafe, diese genügsamen, zähen Tiere, die unkompliziert zu halten sind und die auch mit den mageren Weiden zurechtkamen.

Bei der Haltung der Schafe stand jedoch auch für die Insten weder das Fleisch noch die Milch im Vordergrund, sondern die Wolle – was aber niemanden daran hinderte, das Schaf bis zum letzten Knochen zu verwerten. Das Fleisch der Bocklämmer wurde gegessen, das Knochenmark ausgelöffelt und aus den Knochen wurden Knöpfe gemacht.

Doch auch, wenn Kleinkätner und Insten durch das Fleisch ihrer Schafe satt wurden. Geschätzt wurde Lamm- und Schaffleisch nicht, denn jeder wusste: Die Armut schmeckt wie ein alter Hammel. Aber da war ja noch die Wolle. Verarbeitet wurde die Wolle der Schafe daheim, in den Stuben, es war die Winteraufgabe der Frauen, die gewaschenen Vliese zu kämmen und zu spinnen. Dort, wo über den Eigenbedarf hinaus produziert wurde, war es üblich, dass die Männer die Webarbeiten übernahmen. Besonders beliebt war ein Stoff namens Beiderwand, ein stabiler, belastbarer Stoff, der ähnlich wie Denim in den USA für Arbeitskleidung genutzt wurde. Sein Schussfaden bestand aus Leinen, das gab dem Gewebe Stabilität und machte es reißfest, und der Kettfaden war aus Schafwolle, das sorgte für Wärme. In Meldorf, im Alten Pastorat, wird von Mitarbeitern der Stiftung Mensch heute mit dieser alten Technik gewebt, zwar wird statt Leinen für den Schussfaden Baumwolle benutzt, aber das ändert nur wenig am Ergebnis. Diese Weberei kann besichtigt werden, Näheres dazu ist unter www.stiftung-mensch.com/altes-pastorat/ zu finden.

Die Leibwäsche unter der jeansähnlichen Beiderwand-Kleidung bestand mutmaßlich bis in die Hälfte des 19. Jahrhunderts fast ausschließlich aus Leinen. Erhalten geblieben ist davon kaum etwas, hier und da landete ein Stück in einer Sickergrube, mehr nicht. Was heute in Museen an mittelalterlicher oder aus der frühen Neuzeit stammenden Kleidung zu sehen ist, sind meist die Festkleider, die für besondere Anlässe in Ehren gehalten wurden. Aber die Alltagskleidung hatte eine andere Bedeutung. Sie wurde getragen, bis sie auch mit großem Einsatz nicht mehr geflickt werden konnte, dann wurde sie zu Lappen zerrissen, mit denen geputzt werden konnte und selbst diese Lappen wurden noch verwertet von dem Lumpensammler, der durch die Dörfer zog und alte Textilien für kleines Geld aufkaufte. Was er

Ein Teil des Geländes wird bewirtschaftet, wie es früher üblich war, mit Gärten – und mit Tieren.

sammelte, lieferte er bei den Papiermühlen ab, die aus den Lumpen Papier herstellten. Erst im Laufe des 19. Jahrhunderts ersetzte Holz die Lumpen als Rohstoff, womit ein neues Problem auftauchte. Denn die Säure, die mit der Verarbeitung von Holz zu Papier entsteht, zerstört über Jahrzehnte und Jahrhunderte das Papier und alles, was darauf geschrieben steht – Bücher aus Lumpen halten dagegen wirklich ewig. Doch das nur am Rande. Denn in diesem Kapitel soll es hauptsächlich um Menschen gehen, auf die im Leben und in Büchern kaum jemand einen Gedanken verschwendete.

Das Leben der Besitzlosen war karg. Wie die Gutsherren waren sie in ihrem Ertrag von Wind und Wetter abhängig, jedoch ohne über die Reserven zu verfügen, mit denen sie auch magere Zeiten hätten überbrücken können. Alltäglich ernährten sie sich überwiegend von Getreidebrei. Während Weizen und Roggen normalerweise als Brotgetreide verwendet wurden, bestanden die Grütze genannten Breie meist aus Hafer oder Buchweizen. Aus dieser Zeit erhalten geblieben ist das Rezept für Klümp, die traditionellen Mehlklöße: Auf ein Pfund Mehl werden zwei Eier und etwa ein Viertelliter Milch zu einer geschmeidigen, ziemlich festen Masse verrührt, bis sie Blasen wirft. In heißes, aber noch nicht kochendes Wasser wird ein Esslöffel eingetaucht, mit diesem Löffel dann ein Batzen Teig aus der Schüssel geholt, der sich vom nassen Löffel gut ins sanft siedende Wasser schieben lässt. Wenn die unregelmäßig geformten Klöße oben schwimmen, sind sie gar. Heute werden die Klümp, je nach Verwendungszweck, mit Salz und Muskatnuss gewürzt, aber ob diese wertvollen Gewürze in der Kost der Besitzlosen zum Einsatz kam, darf bezweifelt werden. Gegessen wurden die Klümp süß mit Kompott oder herzhaft mit Gemüse und an besonders guten Tagen sogar mit Fleisch. Erhalten hat sich auch das Rezept des Mehlbüddels oder Mehlbeutels, eines ziemlich kompliziert zuzubereitenden Gerichts. Dieser Serviettenkloß wird traditionell mit Speckstreifen und Kirschen gegessen wird und gehört zu Dithmarschen wie die Schafe zum Deich.

Für die Armen waren das 18. und 19. Jahrhundert schwere Zeiten und wie schwierig das Leben tatsächlich war, lässt sich durch die Kindersterblichkeit belegen. Nur ein Viertel der Neugeborenen wurde erwachsen und erst, wer seinen 20. Geburtstag erlebt hatte, konnte mit einiger Zuversicht auf die kommenden 30 Jahre schauen. Wenn das Alter von 50 Jahren überschritten war, begannen die Sterbeziffern wieder zu steigen. Wer seinen 70. Geburtstag erlebte, galt seinen Nachbarn als Methusalem, ähnlich wie heute die 100-Jährigen.

In einer so feuchten, regenreichen Region wie Schleswig-Holstein gelang es nicht in jedem Jahr, das Getreide ganz und gar ausgereift und durchgetrocknet einzubringen. Deshalb wurden die Garben auf den Dachböden oberhalb der Deel genannten Dielen der großen Bauernhäuser gelagert. In der Deel stand der Schwibbogenherd, eine überwölbte Herdstelle, und erst hinter diesem Herd, fast wie in einem Anbau, befand sich der Wohnraum der Familie.

Durch die locker verlegten Dielenbretter der Dachböden zog der Rauch nach oben und trocknete das feuchte Getreide. Das Dreschen des getrockneten Getreides dauerte Monate und zog sich oft bis in das Frühjahr hinein. Als dann die Dreschmaschine eingeführt wurde und das Getreide innerhalb weniger Tage ausgedroschen war und nicht mehr so lange auf den Dachböden trocken gelagert werden musste, bauten die Bauern in Ihren Häusern Schornsteine ein, sodass zu Beginn des 20. Jahrhunderts kaum noch ein Haus ohne Schornstein war. In dieser Zeit besaßen viele größere Häuser eine in den Schornstein eingebaute Räucherkammer. Wer über keine eigene Räucherkammer verfügte oder wem die eigenen Kapazitäten nicht ausreichten, konnte auf die Räucherkaten der Kleinkätner und Insten zurückgreifen, die damit einen kleinen Zuverdienst hatten. Besonders gesund war das nicht für die Menschen, die in den Räucherkaten lebten. Gerade unter den Frauen und Kindern, die viel Zeit im Haus verbrachten, waren Atemwegserkrankungen, die oft genug tödlich verliefen, gang und gäbe.

Nicht nur die Würste – und die Menschen – nahmen den typischen Rauchgeruch und die typische Färbung an, auch die Rauchhäuser, die heute auf dem Gelände in Molfsee stehen, haben sich diesen speziellen Geruch über die Jahrhunderte bewahrt.

Die erste mit Dampf betriebene Dreschmaschine wurde 1851 auf der Weltausstellung in London vorgestellt. Etwa um diese Zeit herum wurde in Schleswig-Holstein der Tierbestand gezählt. Das Ergebnis: Rund 392.000 Schafe wurden in der Region in der Mitte des 19. Jahrhunderts gehalten. Welche Rassen sie hatten, war den Besitzlosen herzlich gleichgültig.

Anders sah es bei den adligen und bürgerlichen Großgrundbesitzern aus. Bereits im 18. Jahrhundert wurde von ihnen die Zucht von Schafen vorangetrieben. Die wissenschaftliche Grundlage der Zucht war noch nicht in ihren Zusammenhängen durchschaut, erst 1856 begann der Mönch Gregor Mendel in einem Klostergarten in Brünn mit systematischen Kreuzungsexperimenten an Erbsen. Lange vor der wissenschaftlichen Anerkennung seiner Thesen im Jahre 1900 erschien ein Artikel, in dem sich ein Autor mit den Eigenschaften von Schafen befasst und darüber nachsinnt, wie diese Eigenschaften in die nächste Generation weitergetra-

Im Freilichtmuseum Molfsee gibt es sogar eine kleine Schafherde.

gen werden können. Es dauerte noch eine Weile, bis sich aus diesen Anfängen die Herdbuchzucht entwickelte, also das Züchten nach definierten Standards. Zu Beginn des 20. Jahrhunderts wurden die Herdbuchzuchtvereine gegründet, auf die Gründung erster regionaler Schafzuchtvereine fand die Gründungsversammlung des Landesverbandes Schleswig-Holsteinischer Schaf- und Ziegenzüchter am 25. Februar 1920 statt.

Zu diesem Zeitpunkt hatten die tiefgreifenden Änderungen im Leben auf dem Land in Schleswig-Holstein bereits stattgefunden und einer der treibenden Faktoren war die Dampfdreschmaschine gewesen. Mit ihr dauerte die Drusch nur noch wenige Wochen – statt wie zuvor von September bis Mai. Das verschärfte die wirtschaftliche Not der unterbäuerlichen Schicht. Aber vor allem machte es die Gutsbesitzer in einem zuvor unvorstellbaren Maß unabhängig von der kontinuierlichen, das ganze Jahr über andauernden Beschäftigung ihrer Mitarbeiter.

Die in Norddeutschland Gemeinheit, in den meisten anderen Regionen Allmende genannten Gemeindeflächen dienten zur Deckung des Holz- und Torfbedarfes. Andere Bereiche der Gemeinheit wurden als Gemeinschaftsweiden genutzt. Durch die Einführung des ersten Kunstdüngers konnte die bislang extensiv genutzte Gemeinheit auch als Ackerland genutzt werden. Damit war das Ende der Gemeinschaftsweiden besiegelt. Die nun landwirtschaftlich effektiver zu nutzenden Gemeinheiten wurden im Zuge der Verkoppelung aufgeteilt und einem Hof zugeschlagen. Viele von denen, die bisher nur über wenig Land verfügten oder seit Generationen mit dem geringen Einkommen als Kleinkätner oder Handwerker leben mussten, bekamen in diesen Jahren durch das Pachten einer Parzelle und/oder die Erweiterung der Flächen, die sie bewirtschafteten, erstmals die Gelegenheit, eine rentable eigene Hofstelle zu übernehmen. Aber wer richtig arm war, der blieb arm und hatte jetzt noch nicht einmal mehr eine Gemeindeweide, auf die er seine Schafe treiben konnte. Das Leben derer, die auf der untersten Stufe der bäuerlichen Gesellschaft standen, der Knechte und Mägde, die nun nicht mehr das ganze Jahr, sondern oft nur noch im Sommerhalbjahr in Lohn und Brot standen, aber ganz besonders der Insten, geriet in den Zustand eines permanentes Anrennens gegen Hunger und Not. Während Knechte und Mägde in der Hoffnung auf eine bessere, lohnendere Arbeit weiterziehen konnten, waren die Insten durch ihre Familien oder ihre Tiere viel stärker an einen Ort gebunden. Zwar erlaubten die meisten Hofstelleninhaber ihren Insten weiterhin, ihre wenigen Tiere auf den Flächen des Hofes zu weiden, aber der Platz, auf dem sie nach eigenem Gutdünken ihre Schafe halten konnten, war ihnen durch die Abschaffung der Gemeindeweiden genommen worden. Dass dann das Schwein dem Schaf seinen Rang ablief, war eine logische Folge dieser Veränderungen und ermöglicht wurde sie durch die Kartoffel.

Denn zu guter Letzt hatte sich die Kartoffel auch in Schleswig-Holstein durchgesetzt. Ihre Vorteile lagen auf der Hand. Kartoffeln müssen nicht getrocknet, gedroschen und gemahlen werden, um zu einem schmackhaften Gericht zu werden. Es gab noch einen weiteren, sehr wesentlichen Vorteil. Denn mit den gekochten Kartoffeln lassen sich die Schweine ganz hervorragend mästen. Um schlachtreif zu werden, brauchten die Schweine nur einen kleinen Koben und nicht, wie ein Schaf, rund 2.000 Quadratmeter Grünland. Viele Kleinbauern und Landlose gingen nun dazu über, statt der Schafe ein Schwein zu halten. Ein Schwein konnten sie mit Küchenabfällen füttern – und mit gekochten Kartoffeln.

Wie der Alltag in diesem komplizierten Kampf gegen die Not in Schleswig-Holstein aussah, hat sehr eindrücklich und fesselnd Franz Rehbein (1867 - 1909) in seinem Buch „Das Leben eines Landarbeiters" geschildert. Er hat als Knecht auf verschiedenen Höfen in Dithmarschen gearbeitet, hat gute und richtig schlimme Zeiten erlebt und zu guter Letzt noch einen Arm an der Dreschmaschine verloren. Er musste hart arbeiten, mit Arbeitszeiten, die keine Zeit für Erholung und kaum genügend Zeit zum Schlafen übrigließen. Sein Buch ist unbedingt empfehlenswert.

Denn er schildert ein Leben, das so bedrückend ist, wie wir es uns heute kaum noch vorstellen können. Weder Talent noch Wille zählten, auch nicht mit Geschick oder Tüchtigkeit ließ sich irgendeine Verbesserung erzielen. Kein Wunder also, dass die Menschen der unterbäuerlichen Schicht eine Chance nutzten, die in der Folge der Dampfmaschinen auftauchte, als der erste Rauch sich verzogen hatte.

Der Bedarf an Arbeitern des beginnenden Industriezeitalters war riesig. In der Hoffnung auf ein besseres Leben machten sich viele vom Land auf den Weg in die Stadt. „Stadtluft macht frei", die Parole, die schon die Leibeigenen in die Städte getrieben hatte, galt auch noch zu Beginn des 20. Jahrhunderts. Gearbeitet hatten die Menschen immer, während der Erntezeit manchmal 18, 19 Stunden täglich an sieben Tagen in der Woche. Sie fürchteten sich nicht vor Arbeitstagen, die zwölf Stunden und länger dauerten. Sondern sie setzten ihre Hoffnungen auf einen Lohn, den sie jede Woche, sommers wie winters, bei Sonnenschein und Regen und Sturm bekommen würden. Sie lockte ein freier Sonntag, an jedem Sonntag und nicht nur

dann, wenn die Ernte eingebracht und die Tiere versorgt waren.

Aber einmal mehr waren es die Besitzenden, die den größten Nutzen aus ihren Hoffnungen zogen. Denn auf den Andrang der Landbevölkerung war in den Städten niemand vorbereitet. Es gab nicht genügend Platz für all die Menschen, die in der Industrie gebraucht wurden. Und so hausten die, die zuvor der Appendix der bäuerlichen Gesellschaft gewesen waren und in der Natur und mit der Natur gelebt hatten, nun in eilig hochgezogenen Hinterhofhäusern, eng zusammengepfercht in Stuben, in denen es auch am Tag nicht richtig hell wurde. Sie mussten sich auch in der Stadt durch einen Alltag kämpfen, dessen Bedingungen ein Leben eigentlich unmöglich machten.

Auf dem Land, das sie verlassen hatten, fehlte ihre schlecht bezahlte Arbeitskraft und das schuf die Notwendigkeit, die Landwirtschaft zunehmend zu mechanisieren. Das ist geglückt. Und die Schafe?

Die sind bis heute ihren Ruf als das Fleisch der armen Leute nicht ganz losgeworden. Aber ob das wirklich nur ein Nachteil für die Schafe war? Während Schweine und Kühe bis aufs letzte Genom entschlüsselt sind und permanent optimiert werden, bewegen sich die Schafe noch immer halb unter dem Radar, sie sind die am wenigsten vom Menschen vereinnahmte Nutztierrasse. Geforscht wird an den Hochschulen zu Kühen und Schweinen, nur einige wenige Fachleute für kleine Wiederkäuer beschäftigen sich in randständigen Forschungsbereichen mit den Schafen. Selbst die erfolgreichsten Schafzüchter sind häufiger miteinander verschworene Enthusiasten als wohlhabende Bauern.

Die Schafe stehen derweil wiederkäuend und gelassen, wie schon seit Jahrhunderten, auf den Deichen und auf den Weiden.

Freilichtmuseum Molfsee, Hamburger Landstraße 97, 24113 Molfsee

Von April bis Oktober täglich außer montags von 11 bis 18 Uhr geöffnet, von November bis März geschlossen und nur sonntags – bei gutem Wetter zu einem reduzierten Eintrittspreis – von 11 bis 16 Uhr geöffnet.

www.freilichtmuseum-sh.de

DANKE

Auf dem Foto sind Ulrike Krickau und Dorthe Bährs mit den Küstenbommel-Mützen zu sehen.

Schafe reden miteinander. In vielen verschiedenen Lauten, mit Nachdruck oder eher zurückhaltend, endlos lange oder nur kurz. Im Sommer sitze ich abends auf dem Deich, schaue nach dem Sonnenuntergang und höre den Schafen zu. Was die sich immer zu erzählen haben!

Ich mag Schafe.

Das, fand man im Hause von Boyens Medien, sei doch schon mal ein guter Anfang für ein Buch über Schafe. Ohne die Hilfe vieler, vieler Menschen wäre ich über den Anfang nicht hinausgekommen. An allererster Stelle ist da Janine Bruser zu nennen. Sie ist die Geschäftsführerin des Landesverbandes Schleswig-Holsteiner Schaf- und Ziegenzüchter mit Sitz in Kiel und hat so richtig Ahnung von Schafen.

Danke sagen möchte ich auch ihren Kollegen, allen voran Katharina Mextorf und Michow Schröder. Der Landesverband verfügt über eine sehr gepflegte Homepage mit vielen Informationen und vor allem einer aktuellen Liste über Veranstaltungen rund ums Schaf: www.schafzucht-kiel.de

Janine hat mich mit Familie Bährs in Kontakt gebracht, einer Familie, die nun schon in der dritten und vierten Generation mit Schafen arbeitet. Bei ihnen habe ich eine Art des Wirtschaftens und Lebens gefunden, die ich bisher noch nicht kannte. Was jeder Einzelne tut, bildet einen Baustein ihres Miteinanders. Die Mischung aus Achtsamkeit, klarer Kante und Wertschätzung hat es mir angetan.

Ziemlich schwer habe ich es Anke Mückenheim gemacht. Sie ist eine Frau, die lieber etwas tut, als darüber zu reden. Um so mehr danke ich ihr für ihre Offenheit. Und ihren geraden Rücken.

Geschunden habe ich Dr. Nils Kagel vom Freilichtmuseum Molfsee. Das Interview mit ihm war toll! Ich habe ihm eine Frage gestellt, danach brauchte ich nur zu lauschen und zu notieren, was er Kluges über die Geschichte der Schafe und der Menschen zu erzählen hatte. Beim Schreiben musste ich nur noch die losen Enden zusammenzufügen. Dabei habe ich prompt ein Durcheinander gemacht. Nicht nur einmal, sondern gleich drei Mal. Dr. Kagel hat die Nerven behalten.

An dieser Stelle möchte ich ausdrücklich festhalten: Alles, was an Fachwissen in diesem Buch steht, stammt von den Fachleuten, die ich zu Rate ziehen konnte. Aller Unfug stammt von mir selbst.

Dr. Rüdiger Kelm vom Steinzeitpark Albersdorf hat glücklicherweise schon damit gerechnet, dass ein zwar gutwilliger, aber potenziell unwissender Mensch bei ihm auftaucht und sich mit reichlich kopiertem Quellenmaterial gewappnet. Das hat supergut geklappt. Danke!

Karsten Schrum vom Schleswig-Holsteinischen Landwirtschaftsmuseum in Meldorf hat aus seinem großen Archiv viele schöne und interessante Dokumente über die Entwicklung der Schafhaltung zum Vorschein gebracht

Nina Ossowski von der Uni Kiel wollte eigentlich die Schafzucht durch ihre Forschungen erleichtern und entdeckt en passant noch viel Spannendes zum Liebesleben der Schafe. Ich bin sehr gespannt, wie das weitergeht.

Beim Landesbetrieb Küstenschutz bin ich ein weiteres Mal auf Menschen mit umfassendem Wissen getroffen, die mir ihr Fachgebiet geduldig erklärt haben. Siegfried Bornholdt und Andreas Kath haben sich viel Zeit genommen. Mit Peter Schoer war ich auf dem Deich unterwegs. Ein ruhiger Mann ist er, der ohne viel Aufhebens seinen Beitrag dazu leistet, dass wir hinter dem Deich in Sicherheit bleiben.

Malte Solterbeck zu besuchen war ein Abenteuer. Hinterher sagte Janine, so sehr weit draußen läge der Hof ja nun auch wieder nicht. Da bin ich anderer Meinung, denn ich musste einem haushohen Trecker ausweichen, dann stand ich auf einer matschigen Wiese, und wieder herauszukommen war eine ultimative Herausforderung für einen Ex-Städter. Zur Belohnung gab es leckeren Käse.

Mit Frauke und Carl Wechselberg habe ich zwei Menschen kennengelernt, die das Sahnehäubchen ihres Lebens genießen und sich auch nach Jahren noch immer freuen, wie gut ihnen dieser Lebensabschnitt gelungen ist. Wenn ich mir jemals selbst Schafe anschaffen kann, dann kaufe ich sie bei den beiden. So schöne Coburger Füchse!

Jutta Kohlberg-Gangl hält Schafe verschiedener Rassen und auch sie ist zusammen mit ihrem Mann Roland ihren eigenen Weg gegangen. Schafe passen zu Individualisten, glaube ich.

Das lässt sich auch über Andreas Hadenfeldt sagen. Es hat mich sehr gefreut, ihn kennenzulernen. Er denkt und plant die Bewirtschaftung seines Hofes in Zusammenhängen, die weit aus dem alltäglichen Geschäft herausragenn und er hat mir ein Gefühl dafür gegeben, wie wichtig eine mit Sorgfalt geplante Landwirtschaft für unsere Natur ist. Kurz vor der Abgabe dieses Manuskripts hat er erzählt, dass er den größten Teil seiner Schafherden abschaffen wird. Weil es allem zuwiderläuft, wofür er jahrelang gearbeitet hat, wenn er heute die weiten, offenen Flächen an der Eider wolfssicher einzuzäunen gezwungen wird. Das ist so verdammt schade.

Die Schafswolle zu verarbeiten macht mir riesige Freude, das ist vielleicht ein toller Rohstoff. Kathrin Groskreutz hat mir das Spinnen beigebracht und ist mir übers Spinnen und noch mehr Spinnen zu einer Freundin geworden.

Ein besonders großes Dankeschön hat sich Claudia verdient, meine Lektorin. Claudia Johanna Bauer ist der Kracher. Sie nimmt meine Texte, macht ihre Anmerkungen und zack, wird aus einem ganz normalen Text ein funkelndes, schillerndes Etwas.

Meine Tochter Jane, die eigentlich Juliane heißt, hat mir als Erstleserin bei der Arbeit an diesem Buch sehr geholfen. Wo ich zaudere, hat sie eine Meinung. Schon immer! Ich finde das sehr bemerkenswert.

Matthias hat zwar weder mit meinem Schreiben noch mit Schafen zu tun, ist mir aber trotzdem lieb und wert. Ich weiß schon gar nicht mehr, wie oft ich mit Weltuntergang im Gepäck zu ihm gekommen und mit einem Lachen wieder weggegangen bin.

Vielleicht bleibe ich ja noch ein Weilchen den Schafen verbunden, wer weiß. Mit www.küstenbommel.de habe ich einen Anfang gemacht, von dem ich noch nicht überblicke, was daraus werden kann. Aber das macht ja nix. Hauptsache, ich weiß, wo ich hingehöre. An die Küste und zu den Menschen, die mir nahestehen: Jane, Martin und Anni Lentje.

Ulrike Krickau

Bildnachweise:

Die Fotos stammen von der Autorin mit den folgenden Ausnahmen:

Die Fotos auf den Seiten 15, 16, 17 und 18 (die oberen beiden Fotos und der Zeitungartikel) und viele ergänzende Informationen stammen von Heinrich Heesch aus Marne, einem der beiden Autoren der Dorfchronik von Neufelderkoog, die zum 75. Jubiläum des Ortes erschien. Danke!

Die Farbfotos auf den Seiten 18, 19 und 20 stammen aus dem Fotoalbum der Familie Bährs, die Fotos von den Seiten 57, 58 und 61 von der Website des Hofladens. Noch mal ein Extra-Dankeschön!

Die Fotos auf den Seiten 33, 35 (oben), 37 und 39 wurden von Frank Zarp, Leiter der Presseabteilung der Landesmuseen Schleswig-Holstein zur Verfügung gestellt. Danke!

Die Ansichtskarte auf Seite 65 oben hat der Archivar Karsten Schrum des Dithmarscher Landesmuseums zur Verfügung gestellt. Danke!

Die Fotos der ODIN I auf Seite 99 stammen von Kapitän Reinhard Harders. Danke!

Das Foto von Seite 101 stammt von der Smartphone-Galerie Nina Ossowskis. Danke!

AUF WIEDERSEHEN

IN SCHLESWIG-HOLSTEIN

EBENFALLS IM BOYENS BUCHVERLAG ERSCHIENEN

Frank Ahlhorn/Udo Schotten
Wozu sind die Deiche da?
2. Aufl. 2019. 48 Seiten,
durchgehend farbig illustriert,
gebunden

ISBN 978-3-8042-1354-8

Marina Rüther
Frieda schützt den Deich
2019. 28 Seiten,
durchgehend farbig
illustriert, gebunden

ISBN 978-3-8042-1508-5

EBENFALLS IM BOYENS BUCHVERLAG ERSCHIENEN

Gerda Nissen/Jutta Müller (Hg.)/
Melitta Kolberg (Fotos)
Alte Rosen
2. Auflage 2013. 136 Seiten,
63 Abbildungen, gebunden

ISBN 978-3-8042-1335-7

Klaus-Jürgen Paulsen/Malte Reichert/
Walter Denker
Alte Apfelsorten im Norden
2017. 128 Seiten, 284 Abbildungen,
gebunden

ISBN 978-3-8042-1466-8